Scratch真好玩

教小孩学编程

刘凤飞 编著

机械工业出版社
China Machine Press

图书在版编目（CIP）数据

Scratch真好玩：教小孩学编程 / 刘凤飞编著. —北京：机械工业出版社，2018.7（2020.4重印）

ISBN 978-7-111-60260-6

I. ①S… II. ①刘… III. ①程序设计－少儿读物 IV. ①TP311.1-49

中国版本图书馆CIP数据核字（2018）第137868号

本书以一个猫猫侠角色引入，将读者设定为编程世界的一位勇士，跟随猫猫侠一起学习Scratch编程的超能力。

全书内容分为三部分。第一部分（第1~10章）通过知识点小案例的讲解，培养孩子们的学习兴趣，从而让孩子们掌握Scratch的基础知识；第二部分（第11~17章）以一个大型完整案例讲解，从案例分析到思考再到制作，和孩子们一起分享一个项目从设计、试错、思考、完善、提升到实现的全过程；第三部分（第18章）介绍竞赛知识，说明编程竞赛应该注意的一些要素，以及在参赛作品创造过程中应该注意的关键因素和核心要点，如何在已有的知识和设计层面做出一个能让人眼前一亮的作品，如何体现自己的创意，将自己的优势和特色展示出来，如何在第一时间获取作品的关注度和认同感。

全书以生动、趣味性的语言，循序渐进地从Scratch编程知识点小案例的制作升级到实现大型完整案例，几乎所有实例的讲解都是基于完整案例的实现进行的，对孩子创造性的培养以及老师教学的取材都有极大的帮助。

Scratch真好玩：教小孩学编程

出版发行：机械工业出版社（北京市西城区百万庄大街22号　邮政编码：100037）

责任编辑：夏非彼　迟振春　　　　责任校对：王叶

印　　刷：中国电影出版社印刷厂　　　　版　　次：2020年4月第1版第5次印刷

开　　本：170mm×242mm　1/16　　　　印　　张：11.75

书　　号：ISBN 978-7-111-60260-6　　　　定　　价：59.00元

凡购本书，如有缺页、倒页、脱页，由本社发行部调换

客服热线：（010）88379426　88361066　　　　投稿热线：（010）88379604

购书热线：（010）68326294　88379649　68995259　　　　读者信箱：hzit@hzbook.com

推荐序

果果在少儿编程领域有较深的造诣，其特点是能把娱乐与教学巧妙地结合，形成自己独特的风格而深受欢迎。世界正在向工业 4.0 全面迈进，向人工智能时代发展，从小培养孩子的逻辑思维与程序应用能力是一项系统工程，果果的书在小孩思维开发方面有借鉴意义。

——著名经济学者、作家　郑荣华

少儿编程似乎一夜之间进入了学校、家长和学生的视野，这是大势所趋。信息技术一往无前地推动了社会和教育的变革，也是新时代学生非常乐于参与并进入的世界，当然也离不开像果果老师这样既有社会责任感又有教育情怀的青年才俊的推动。本书是在其上一本书被热捧的基础上的升级，结合了技术的发展和学生学习实践的积累，是学生进入信息世界的极佳向导。

——小码王少儿编程 CEO　王江有

Scratch 由 MIT 研发，是继 Logo 语言之后的又一培养青少年创新思维的工具。它在全球风靡数十载，影响了众多图形化编程语言的发展，开启了科技教育的新篇章。

果果老师在业内的实践经验非常丰富，本书必定是入门 Scratch 的利器。欢迎你来到编程世界，体会猫猫侠使用超能力发明创造的魅力！

——《动手玩转 Scratch 2.0 编程》译者　自媒体 " 科技传播坊 "(公众号：kejicbf)　李泽

很多妈妈问我孩子编程该从何起步，对这一问题我都推荐 Scratch，这是一种图形化的编程语言，直接通过电脑上的拖曳就能完成很多不可思议的小程序。这本 Scratch 的教学书用言简意赅的语言、丰富的教学实例以及有趣的编程内容帮助激发孩子的编程兴趣！

——公众号“憨爸在美国”创始人　憨爸

今天如果还有家长问孩子为什么要学编程，那么我们就可以反问他：你为什么不问孩子为什么要学语文？语文是人类第一语言，数学是第二语言，程序是第三语言，依次递进，正好对应着人类文明的三个阶段。感谢作者以生动有趣的实例引领孩子们进入第三语言的世界！

——阿儿法营创意编程创始人　余宙华

学习编程有助于培养创造性思维、系统推理能力以及合作精神。2014 年，编程就被列入全英国儿童必修课，越来越多的人意识到学习编程的重要性。2017 年，我国国务院印发的《新一代人工智能发展规划》提出要实施全民智能教育项目，在中小学设置人工智能相关课程，逐步推广编程教育。Scratch 来自美国麻省理工学院（MIT），被誉为优秀的儿童入门编程语言。孩子们可以利用它学习编程，与他人一起分享自己创作的互动式媒体作品，如故事、游戏和动画。本书作者寓教于乐，通过一个个充满趣味的例子，加上细致的讲解，带着孩子“玩中学”。

——《创客教育丛书》《STEM 教育丛书》主编　李梦军

教育在提高学生整体文化素质的同时，也在逐渐拉开高质量人才与其他人的差距，奥数是数学的精华，它的存在就有此目的。我认为少儿编程所需的综合能力，甚至在思维逻辑上比数学的要求更高、更全，所以在科技未来编程成为所有人的基本技能的时候，也会成为世界竞赛核心项目之一。作为少儿编程的教科书类书籍，此书也贯穿了诸多竞赛性质的内容，针对性地深度提高竞赛思维，这是其他类书籍所缺乏的。此书不是盲目跟学操作，而是在学习知识点的同时，后期结合所学加以应用，自主创作编程作品，充分发掘学生的创造力和思维能力。

——杭州哈泥天空农场 & 哈蓓 4h 教育创始人　郑京京

我们选择做青少年编程教育并不是为了培养程序员，而是为了帮助孩子提高发现问题、分析问题、解决问题的能力以及养成独立思考的习惯。这对于提升孩子的观察力、逻辑能力、创新能力都会有极大帮助。

果果老师的这本书包含大量精心设计的案例，由浅入深地介绍了 Scratch 中的各种模块，内容生动有趣。既是一本讲解代码的工具书，又是训练编程思维的教科书。

如果你也对编程有兴趣，这本书将成为你的指路明灯。

——杭州乐码教育创始人　邓 皓

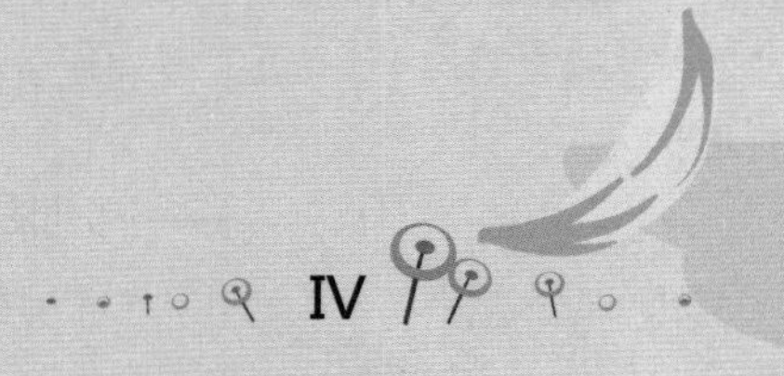

前 言

在这个科技高速发展和人工智能逐步替代人力的时代，我们将越来越多地接触电脑和机器人。我们将面临不局限于人与人之间的沟通，更多的是人与机器之间的交流。编程就如同我们这代人以及上一代人操作电脑一样，是刚需技能。

在少儿编程教学中，我曾以为最大的难点是教学和授课。其实不然，最大的难点在于家长的重视和参与。下面来看看一些问题，如果未来不会编程，或许会产生同样的困扰。

1. 用网盘传输资料时，提供了一个网盘下载地址。不少人会将下载地址输入在百度搜索框中，然后说这是错误的，根本无法使用。

2. 文件夹不能直接发送，将其压缩后再发送。有人收到压缩文件后会说："你发的是什么，我根本没办法打开。"

3. 用自己的微信登录购买课程后，再使用孩子的微信来看课程，然后告诉你怎么换一个微信就看不了。这就如同别人的银行卡不能取你的钱一样。

其实，这些操作都称不上知识而只能算是常识。说出这些问题不是嘲笑而是让家长们警醒。现在的电脑操作已经如此重要，那么未来编程能力尤其是编程思维就更加重要了。

我的第一本关于少儿 Scratch 编程的《轻松玩转 Scratch 编程》于 2017 年 8 月出版后，得到了很多信息老师和家长的认可，获得了许多小朋友的喜爱，让我有了极大的动力来编写这本书。

第一本书出版后，我一直在思考和改进，想要写出一本更加有趣、知识更加全面、更加适合小朋友自主学习的书籍。于是这本《Scratch 真好玩：教小孩学编程》经过策划、编写到脱稿，用时一年才完成。

看了目前市面上不少同类书籍后，我思考了这样 3 个问题：

问题 1：有关书籍全篇讲解一个个案例的思考。
全书围绕一个个案例编写虽然会有成品的感觉，但是知识点很难面面俱到。同时，对于入门小朋友，可能很多程序块根本无法理解，只能做到按部就班地模仿拖曳来编写程序，达不到真正学习编程的效果。

问题 2：有关通篇知识讲解的思考。

作为一本成人的编程书籍或许可以，但是作为小朋友的书籍，这样太无趣，很难做到兴趣驱动。说不定还会让孩子讨厌编程，毕竟兴趣才是最好的老师，要让孩子从心里爱上编程，热爱探索和创新。

问题 3：有关高深内容讲解的思考。

回归小朋友学习编程的本质，并不是为了成为一个程序员，更多的是通过编程培养项目分析思考能力和逻辑思维能力。从高深的知识讲解入手或许可以征服家长，看上去“高大上”的数据结构和算法知识，对于小学生来说却是很难理解的。多少大学生在数据结构和算法的课堂上云里雾里的，所以在案例中适当融入和穿插知识点讲解会更好些。

Scratch 的诞生就是为了孩子，即便孩子不懂英文，不会使用键盘，也可以编程。少儿编程培养的是孩子的自主学习能力、兴趣、创造力、表达能力、逻辑思维能力等。

本书用猫猫侠这样一个卡通形象作为主角，以它不断提升自己编程技能的过程和挑战编程世界的各项任务为故事线去诠释。本书通过递进的一个个项目案例讲解知识点，避开了传统的知识灌输。讲解完知识点后，进阶到高级实战项目案例。书中大大小小几十个案例，无论是孩子练习还是老师授课，都是不错的取材。

因此，我坚信通过这本书的“趣味教学”模式，会让孩子爱上编程，领略科技世界。同时，在学习过程中逐步提高孩子的逻辑思维能力以及自律和专注力。

本书提供案例视频讲解、素材及源代码，可通过 QQ 群 737454359 或邮箱 guoguolaoshi@yeah.net 获取。

目录

推荐序

前言

第 1 章
编程世界
（熟悉编程环境）
P 1

1.1 安装 Scratch 编程软件 / 1
1.2 误闯编程世界（添加角色）/ 5
1.3 解开角色封印（添加系统角色）/ 8
1.4 探索十大超能力（了解程序块）/ 10

第 2 章
勇士的力量
（运动模块）
P 13

2.1 植入超能力（使用移动程序块）/ 13
2.2 失重的环境（旋转角度，面向方向）/ 15
2.3 攻击入侵的女巫（面向程序块）/ 20
2.4 瞬间移动超能力（移动到 x、y）/ 22
2.5 发射跟踪导弹（移动到）/ 25
2.6 企鹅滑冰（在几秒内滑行到）/ 26
2.7 弹性墙壁（碰到边缘就反弹）/ 27
2.8 掌握旋转的奥秘（旋转模式）/ 27

第 3 章
奇妙变幻
（外观模块）
P 29

3.1 猫猫侠学说普通话（说话程序块）/ 29
3.2 说错话的猫猫侠（思考程序块）/ 31
3.3 隐身超能力（显示和隐藏）/ 32
3.4 切换战斗模式（造型切换，下一个造型）/ 33
3.5 改变编程空间环境（将背景切换为）/ 35
3.6 参观变色龙（设定颜色，改变特效）/ 37
3.7 变大变小（角色大小，工具变大变小）/ 40
3.8 拍照的风波（移动到上面）/ 41
3.9 观测变化（造型、背景、大小）/ 42

第 4 章
音乐的美感
（声音模块）
P 44

4.1 新买的音响（播放声音）/ 44
4.2 音乐会小小鼓手（弹奏鼓声）/ 46
4.3 学习乐器弹奏（设定乐器）/ 46
4.4 声音扰民（音量、节奏）/ 48

第 5 章
绘画的艺术
（画笔模块）
P 49

5.1 制作彩色颜料（画笔颜色）/ 49
5.2 开始画画（抬笔、落笔、清空）/ 54
5.3 猫猫侠植树（图章）/ 55

第 6 章
好记性不如烂笔头
（数据模块）
P 57

6.1 神奇的变量（变量）/ 57
6.2 考试成绩的记录（链表）/ 59

第 7 章
应对变化
（事件模块）
P 61

7.1 调动一切的小绿旗（当小绿旗被点击）/ 61
7.2 遥控它们（当按下按键）/ 63
7.3 点燃蛋糕的蜡烛（当角色被点击）/ 64
7.4 变幻球（当背景切换到）/ 65
7.5 外界控制（响度、计时器、视频移动）/ 67
7.6 听从裁判的指令（消息）/ 70

第 8 章
操作一切的力量
（控制模块）
P 73

8.1 红灯必须等待（等待）/ 73
8.2 小蝴蝶找妈妈
（如果……那么和如果……那么……否则）/ 75
8.3 听话的狗狗（在……之前一直等待）/ 77
8.4 Pico 识别颜色（如果……那么……否则）/ 79
8.5 猫猫侠拼命赛跑（重复执行直到）/ 82
8.6 1、2、3，木头人，不准说话，不准动
（停止全部）/ 84
8.7 黑科技 - 克隆
（克隆，当克隆体启动时，删除克隆体）/ 84

第 9 章
侦查超能力
（侦测模块）
P 89

9.1 智能小车（侦测距离）/ 89
9.2 你问我答（询问）/ 91
9.3 射击蝙蝠（按下鼠标）/ 95
9.4 帮助落水的小鸟（视频侦测）/ 99

第 10 章
神算子
（计算超能力，自创超能力）
P 102

10.1 魔鬼为难猫猫侠（加减乘除）/ 102
10.2 自创超能力 / 104
10.3 十进制 - 二进制（制作新积木块）/ 105
10.4 注释代码 / 108

第 11 章
妖魔鬼怪快离开
P 109

11.1 瞧一瞧是怎样的游戏 /109
11.2 游戏操作 /110

第 12 章
迷宫夺宝
P 118

12.1 瞧一瞧是怎样的游戏 /118
12.2 游戏操作 /119

第 13 章
星际争霸
P 125

13.1 瞧一瞧是怎样的游戏 /125
13.2 游戏操作 /126

第 14 章
坦克大战
P 138

14.1 瞧一瞧是怎样的游戏 /138
14.2 游戏操作 /139

第 15 章
真正的大鱼吃小鱼
P 148

15.1 瞧一瞧是怎样的游戏 /148
15.2 游戏操作 /149

第 16 章
万圣节，大逃亡
P 153

16.1 瞧一瞧是怎样的游戏 /153
16.2 游戏操作 /154

第 17 章
体感游戏切水果
P 161

17.1 瞧一瞧是怎样的游戏 /161
17.2 游戏操作 /162

第 18 章
Scratch 竞赛必备
P 171

18.1 拼小技巧 /171
18.2 拼实力 /172
18.3 得分谨记 /175

第1章 编程世界

（熟悉编程环境）

猫猫侠是一个喜欢探险的少年，在编程世界发生巨变的时候，他不小心闯入了编程世界。接下来发生了一系列事情使得猫猫侠从一个小屁孩变成了一名优秀的编程勇士，让我们跟随猫猫侠一起去探险，一起成长为优秀的编程小勇士吧！

1.1 安装 Scratch 编程软件

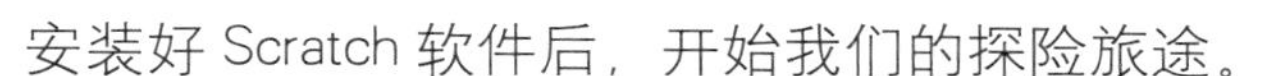

安装好 Scratch 软件后，开始我们的探险旅途。

在 Scratch 编程世界中，我们可以制作属于自己的游戏和动画，同时可以开启我们的冒险征途。

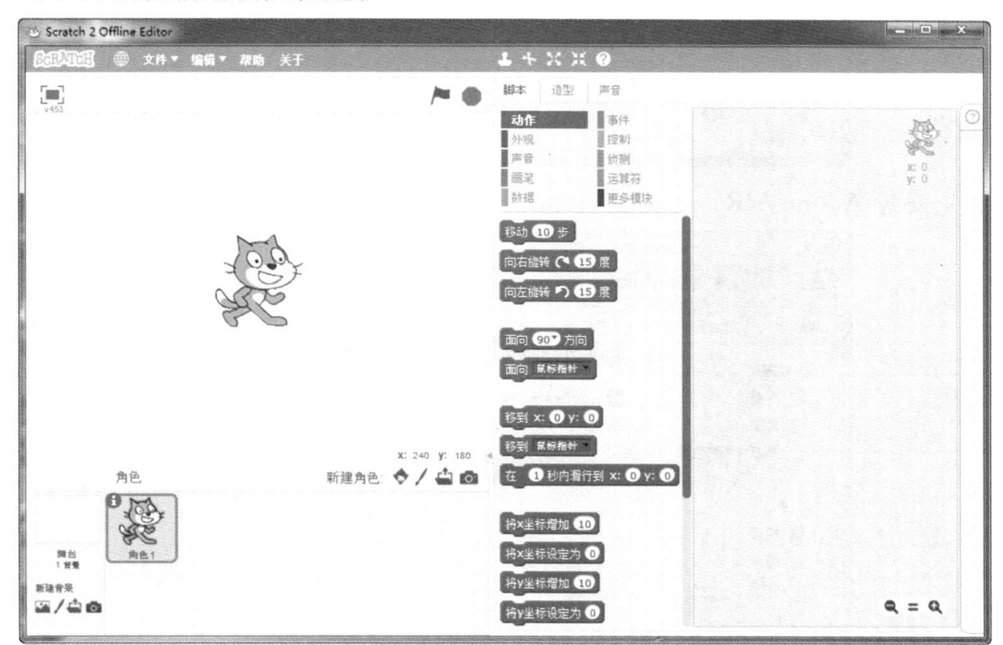

这就是 Scratch 软件

你可以直接在浏览器中输入“https://scratch.mit.edu/”进行创作，但速度可能会比较慢。你也可以下载 Scratch 软件到你的电脑上，哪怕没有网络也可以创作。你需要打开浏览器，输入“https://scratch.mit.edu/download”，选择适合自己电脑的软件版本，即可将 Scratch 软件下载并安装到你的电脑上。

当然，通过我们准备好的网盘地址下载软件更加方便快捷。

地址：https://pan.baidu.com/share/init?surl=5-eFywspUSuPhF9VSt42HQ。

提取密码：0qoo。

在 Windows 系统中的安装步骤

01 从下载的文件中找到 Windows 系统电脑文件夹（从官方网站下载可跳过此步骤）。

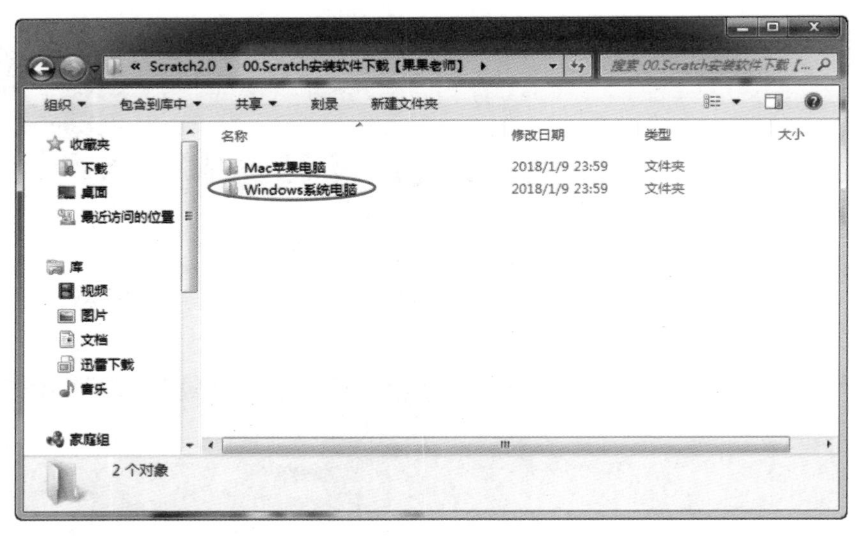

02 先安装 Adobe AIR，再安装 Scratch。

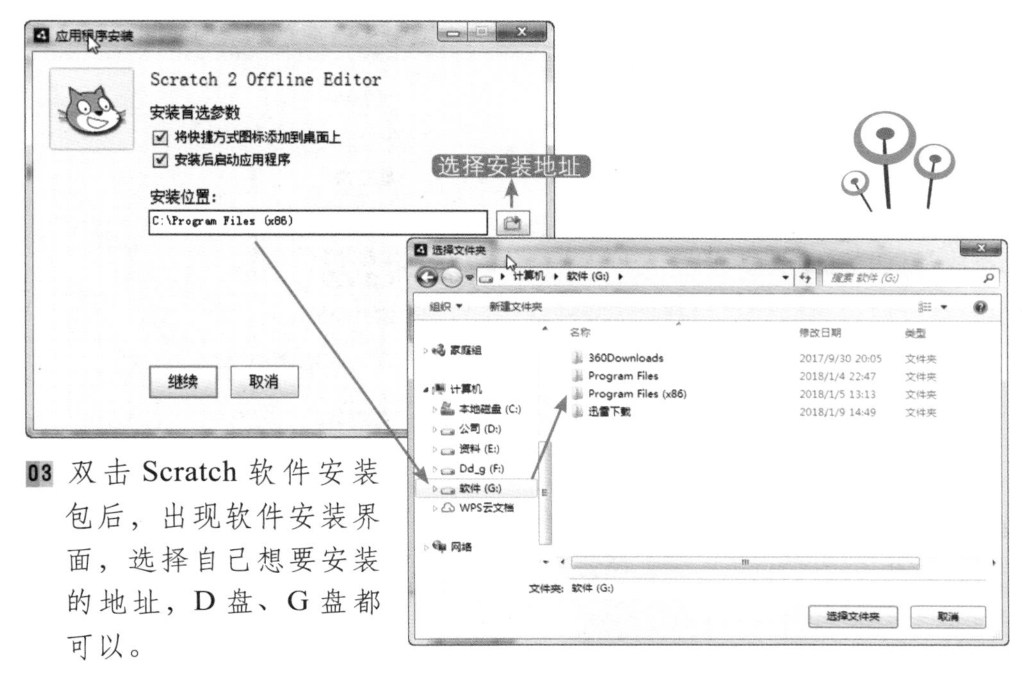

03 双击 Scratch 软件安装包后，出现软件安装界面，选择自己想要安装的地址，D 盘、G 盘都可以。

04 选择好安装地址后，点击“继续”按钮。

05 等待一会儿。

06 软件安装好了，Scratch会自动运行。如果软件没有自动运行，双击桌面的图标。

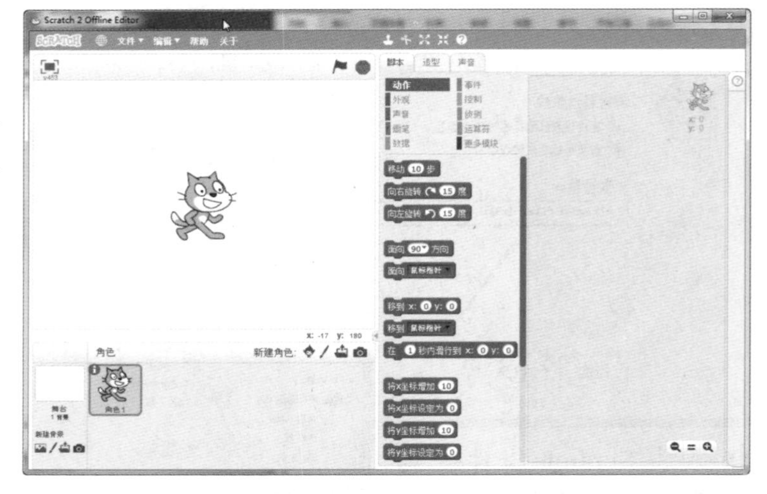

07 如果你的界面不是中文的，想要修改成中文的，点击小地球，拉到最底部，选择“简体中文”即可。当然，你也可以选择自己擅长的语言。

在Mac系统中的安装步骤

在Mac中安装和在Windows中安装几乎一样，运行安装包的时候选择Mac版即可。

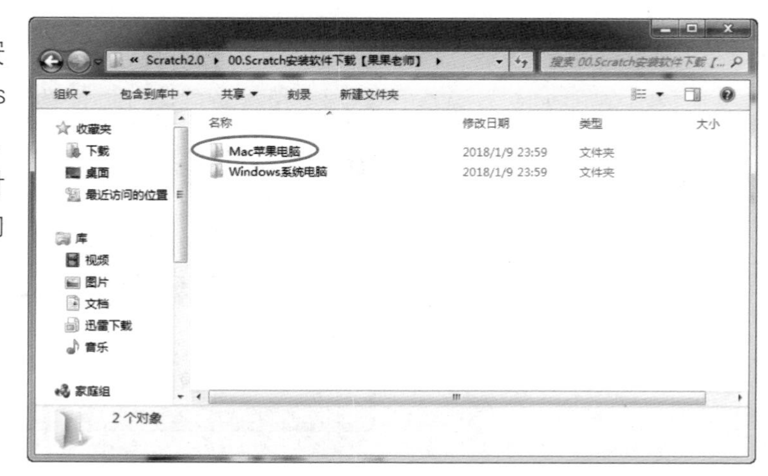

安装成功后，电脑桌面上会出现图标。双击 Scratch 图标，软件就启动了。Scratch 离线版建议安装在 Windows 7 及以上版本系统或者 Mac 系统中。Scratch 离线版暂时还不支持平板电脑和手机。

1.2 误闯编程世界（添加角色）

编程世界的探险就要开始了，你准备好了吗？一起去编程世界看看吧。

01 在电脑桌面上找到小猫咪快键图标，双击打开。

02 打开软件，进入编程的世界。

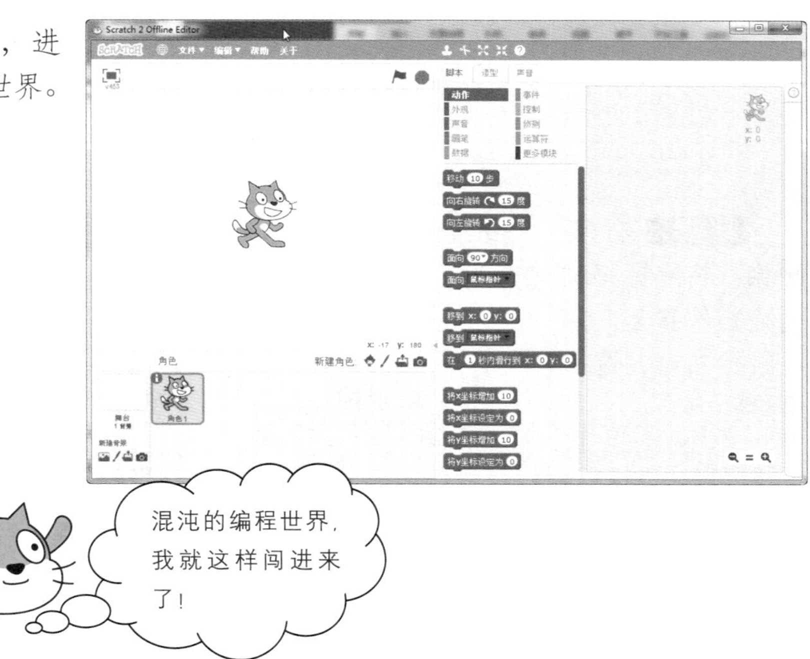

混沌的编程世界，我就这样闯进来了！

03 如果你不喜欢猫猫侠，也可以删除猫猫侠，换一个你喜欢的角色。

秘籍 1 使用剪刀工具：点击工具栏中的剪刀，删除猫猫侠。

秘籍 2 右键删除：将鼠标移动到猫猫侠身上，点击鼠标右键，选择删除。

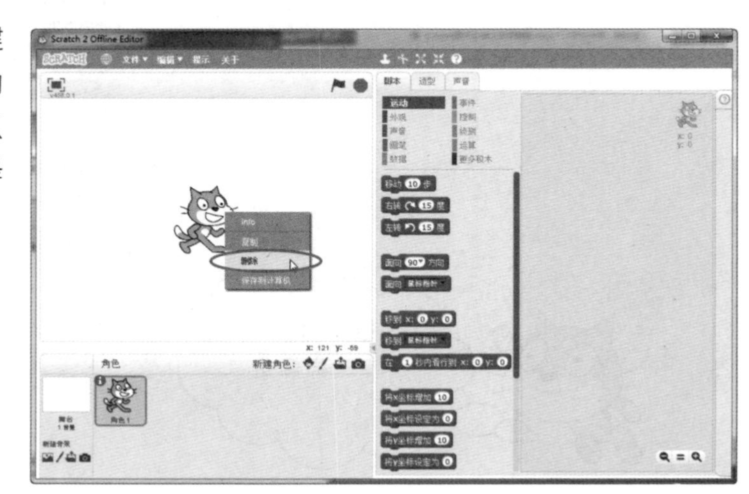

秘籍 3 角色列表删除：将鼠标移动到角色列表的猫猫侠身上，点击鼠标右键，选择删除。

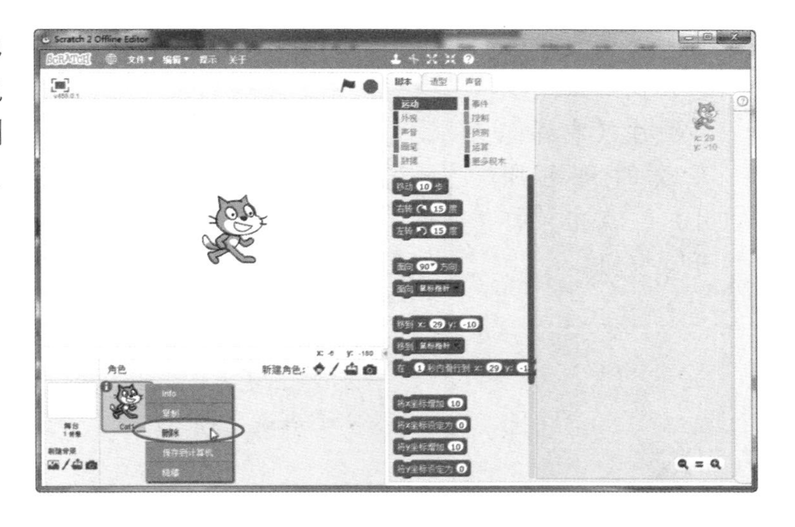

04 猫猫侠删除了，这时候可以把你喜欢的角色导入编程世界。

05 点击“从本地文件中上传角色”按钮。

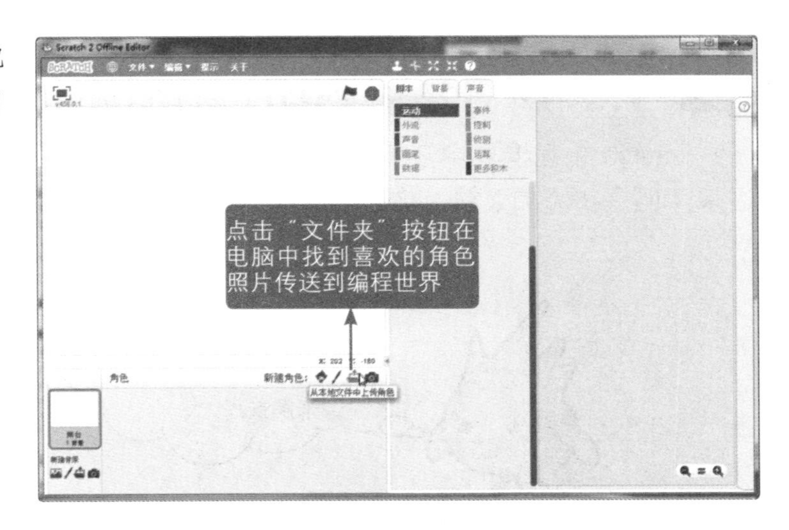

06 在你保存照片的地方找到果果少年图片（或者你喜欢的角色照片），点击“打开”按钮。

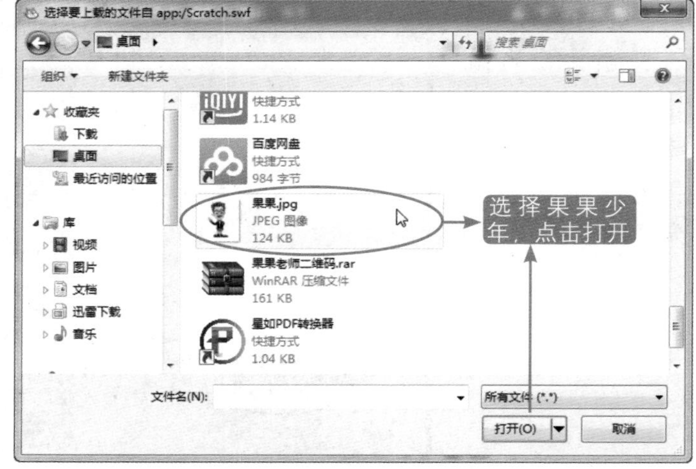

07 果果少年进入了编程世界。

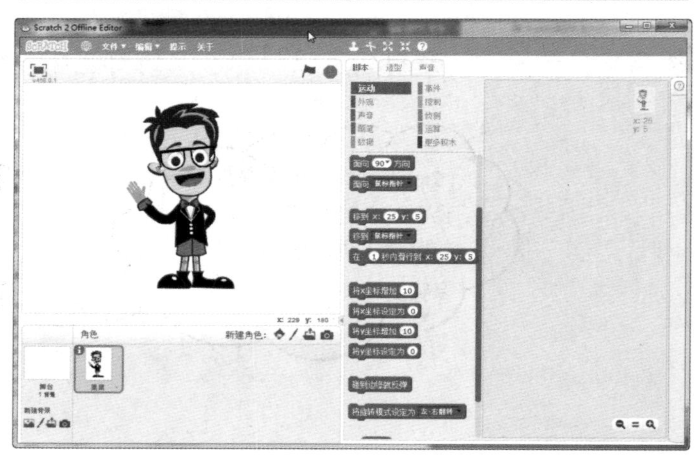

1.3 解开角色封印（添加系统角色）

Scratch 编程世界中还有很多好看、有趣的角色，你可以将它们添加进来。但是在添加之前，你必须掌握解开编程世界角色封印的本领。

01 点击“从角色库中选取角色”按钮，进入系统角色库，寻找自己喜欢的角色。

新建角色：

点击小人，可以进入角色库，里面有许许多多的角色

02 里面有很多分类，我们可以根据分类更快地选择自己要找的角色。

角色库

分类
- 全部
- 动物
- 奇幻
- 字母
- 人物
- 物品
- 交通

主题
- 城堡
- 城市
- 舞蹈
- 饰品
- 飞行
- 节日
- 音乐
- 太空
- 运动
- 水下
- 行走

类型
- 全部
- 位图
- 矢量图

03 可以选择自己喜欢的角色，我们这里将之前删除的猫猫侠请出来。

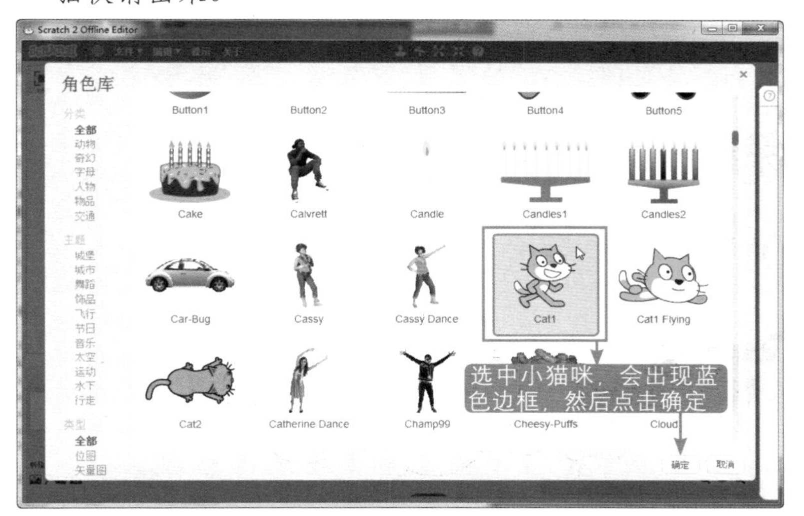

04 角色封印解开了，系统库中的所有角色都可以任意使用了。

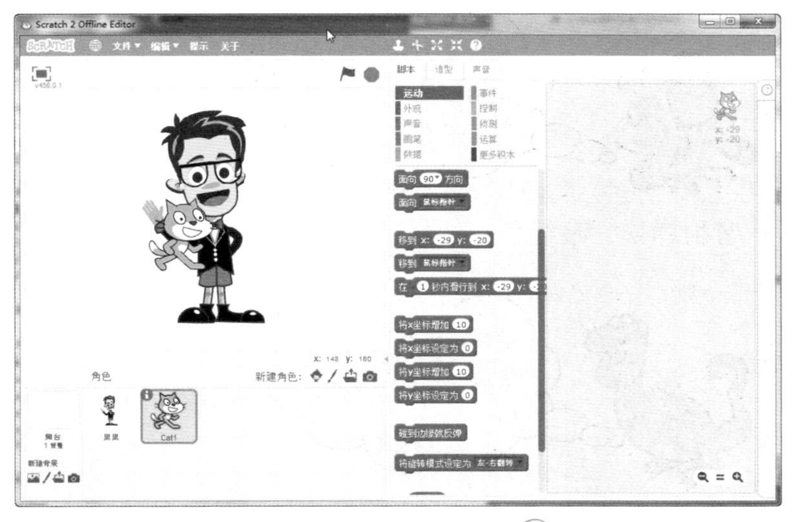

1.4 探索十大超能力（了解程序块）

运动 运动程序块，深蓝色，力量超能力。

外观 外观程序块，浅紫色，变幻超能力。

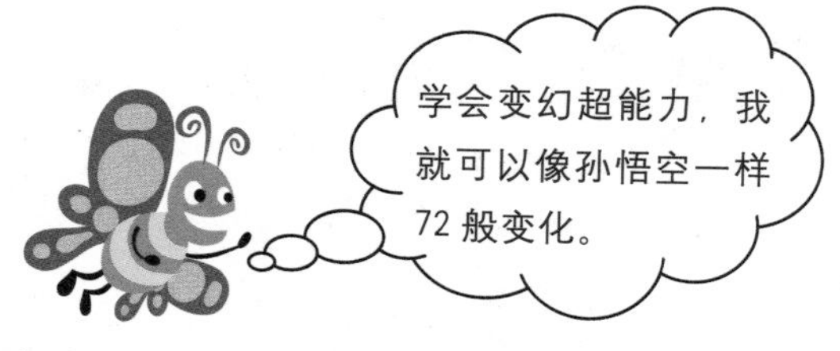

声音 声音程序块，暗红色，音乐超能力。

画笔 画笔程序块，深绿色，神笔超能力。

数据 数据程序块，橘黄色，记忆超能力。

事件 事件程序块，褐色，应对超能力。

控制 控制程序块，黄色，操控超能力。

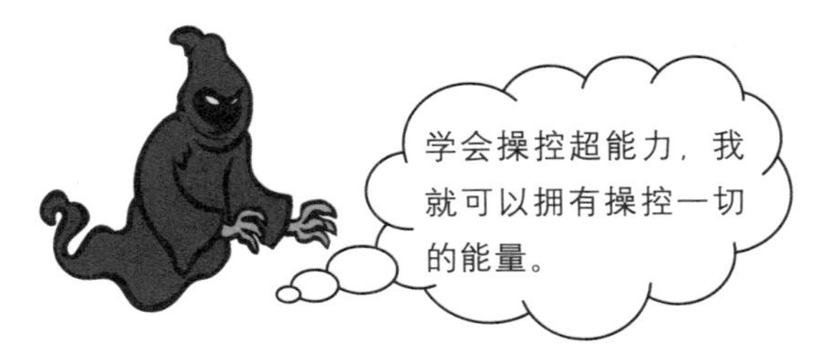

侦测 侦测程序块，浅蓝色，侦测超能力。

运算 运算程序块，浅绿色，计算超能力。

更多积木 更多积木程序块，深紫色，自创超能力。

勇士的力量

（运动模块）

运动 运动模块控制着角色的行走、移动、旋转、碰撞等技能。成为一个杰出的编程勇士，我们需要从力量开始。现在你可以选择系统库的一个角色或者从电脑中添加一个角色，和猫猫侠一起修炼吧。

2.1 植入超能力（使用移动程序块）

01 打开软件，新建项目。

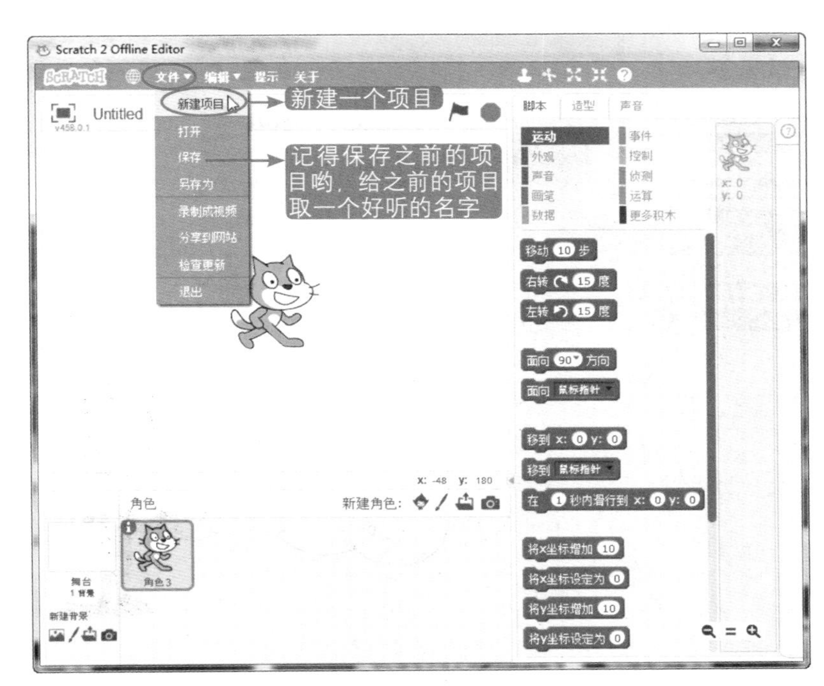

02 选中角色，将超能力程序块植入对应选中的角色。

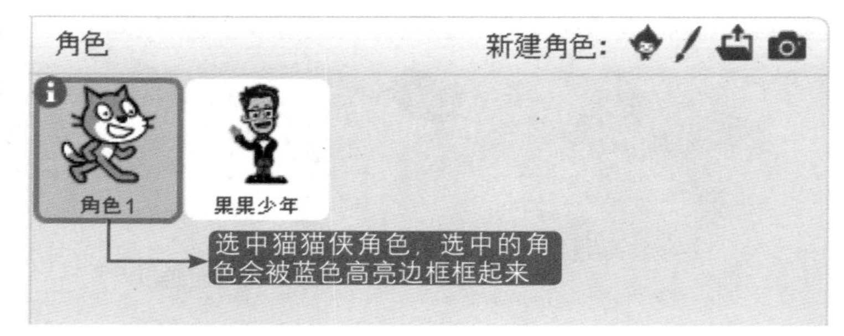

03 点击程序块“移动”，拖动到脚本区。

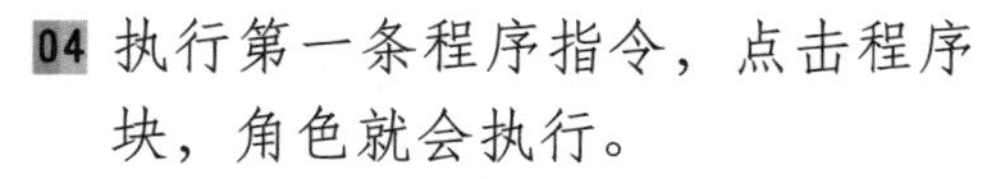

04 执行第一条程序指令，点击程序块，角色就会执行。

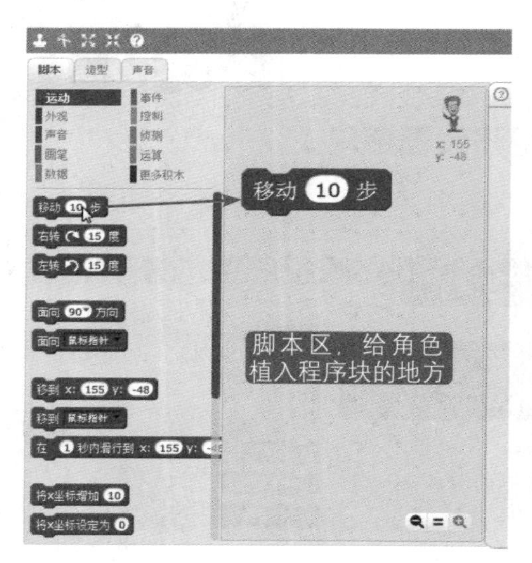

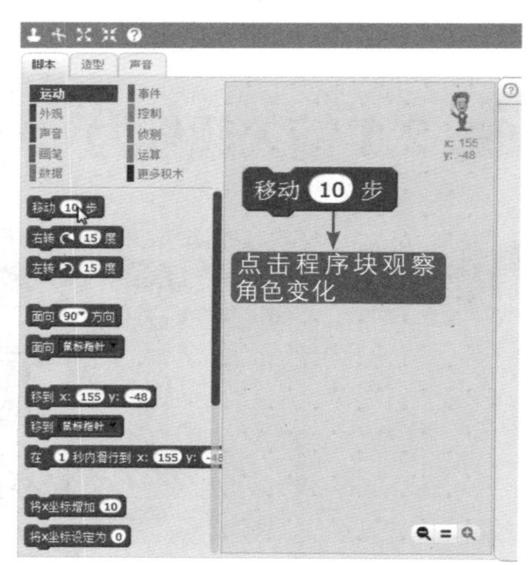

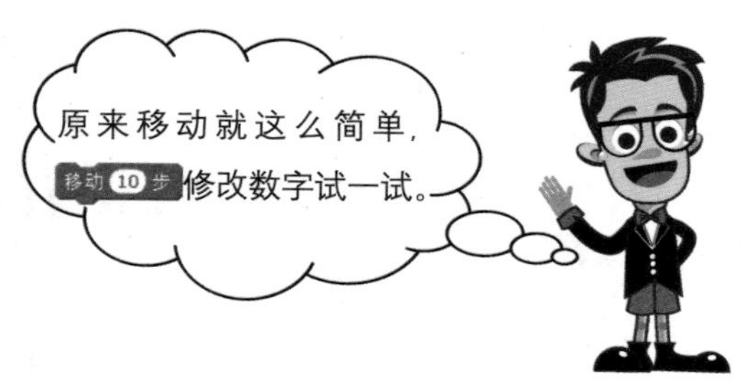

果果思考

点击 移动 10 步 角色会（ ）。

A. 往前移动　　B. 往上移动　　C. 不移动

白色圈圈里的数字越大，角色移动（ ）。

A. 越短距离　　B. 越长距离　　C. 没影响

你作答

在括号中填入正确答案。

2.2 失重的环境（旋转角度，面向方向）

01 拖动 右转 ↻ 15 度 到脚本区，点击执行程序。

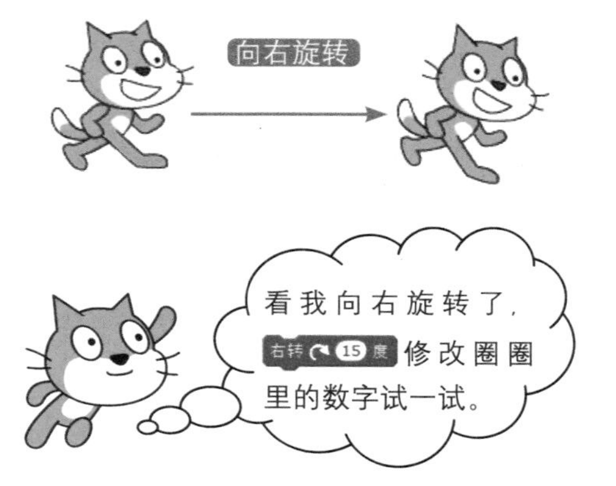

02 拖动 左转 ↺ 15 度 到脚本区，点击执行程序。

果果思考

第一个是原版果果，那么后面 3 个果果分别对应哪个程序块呢？

你作答

快用电脑试一试，给它们连线吧。（也可以用猫猫侠代替果果试一试。）

复制出多个猫猫侠

复制多个角色和删除角色非常相似。

绝招 1 用复制工具复制猫猫侠。

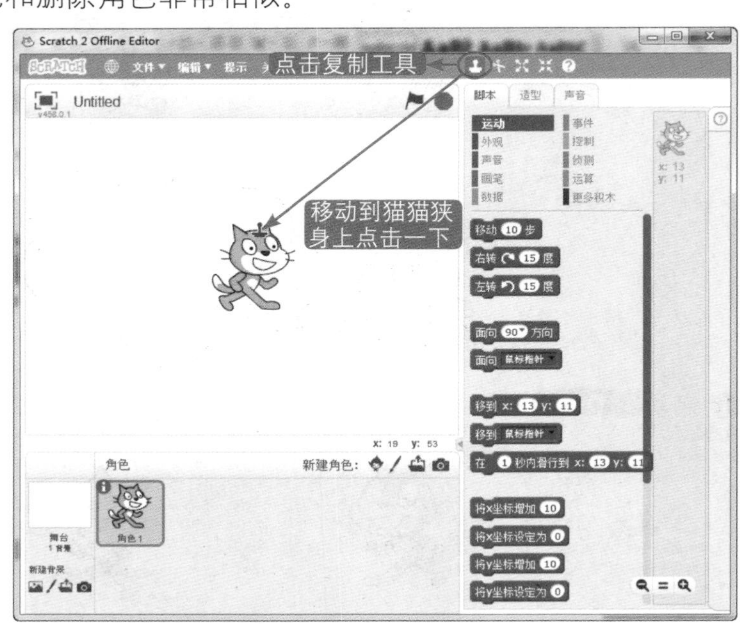

绝招 2 直接右击角色复制。

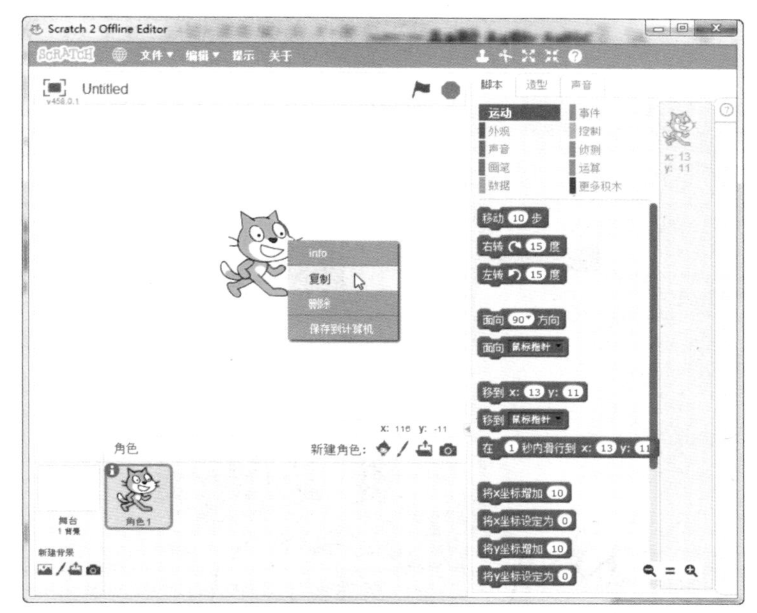

绝招 3 在角色列表右击角色复制。

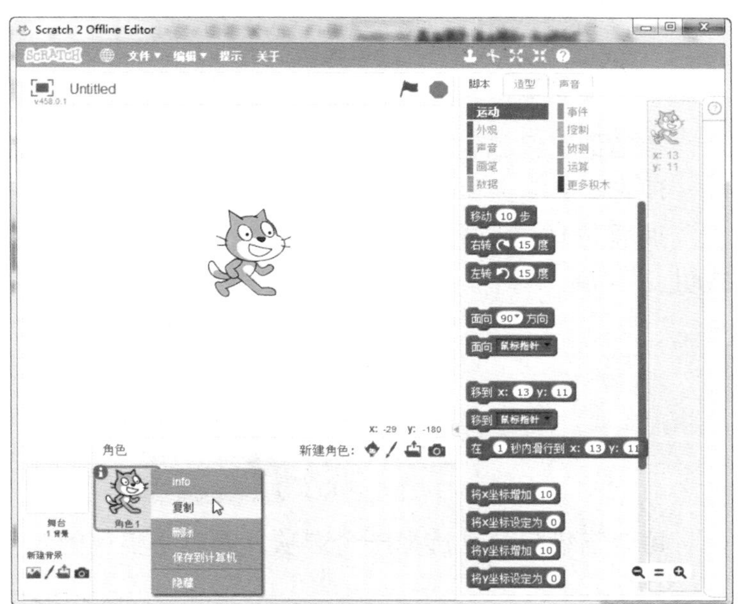

使用绝招复制 3 个猫猫侠，然后拖动到舞台区摆好。

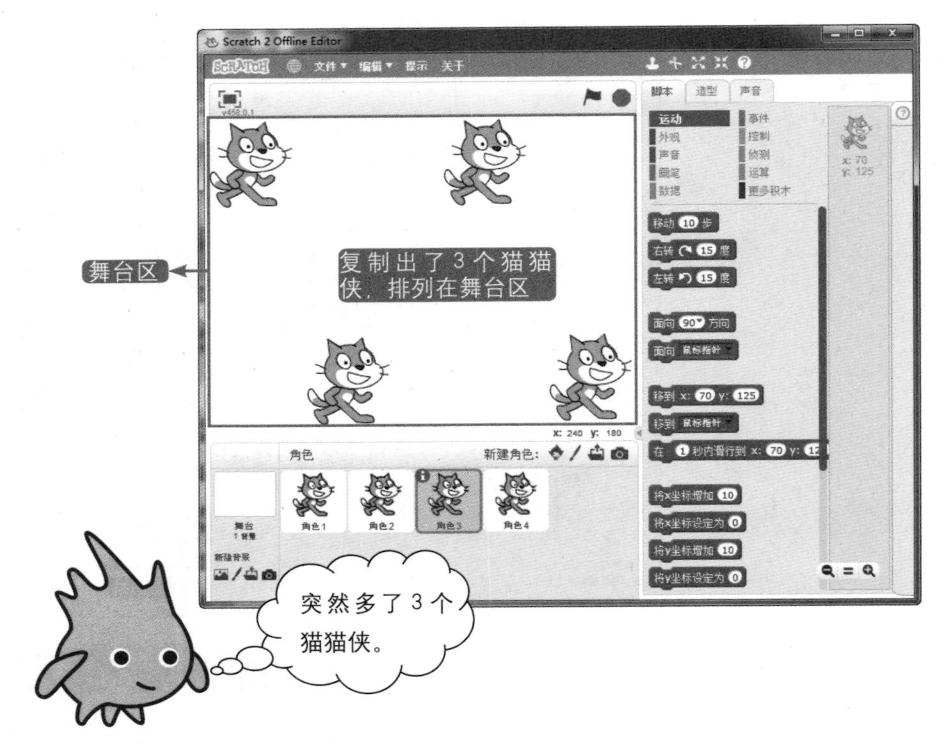

相信你已经和猫猫侠一样会自己探索超能力的使用方法了。

现在一共有 4 个猫猫侠，探索 面向 90▾ 方向，试试它的使用方法。

拥有黑色倒三角形的程序块总是内藏玄机，点击倒三角看看有何玄机。

每个猫猫侠分别选择一个选项，看看猫猫侠的变化。

第一个猫猫侠：

第二个猫猫侠：

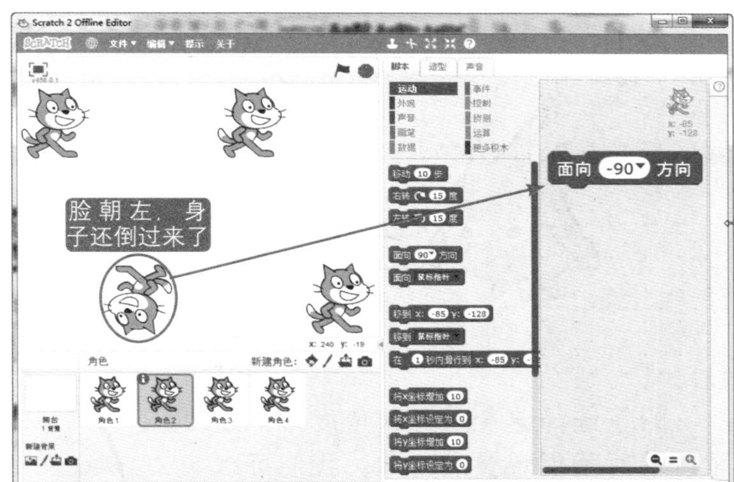

第三个猫猫侠：

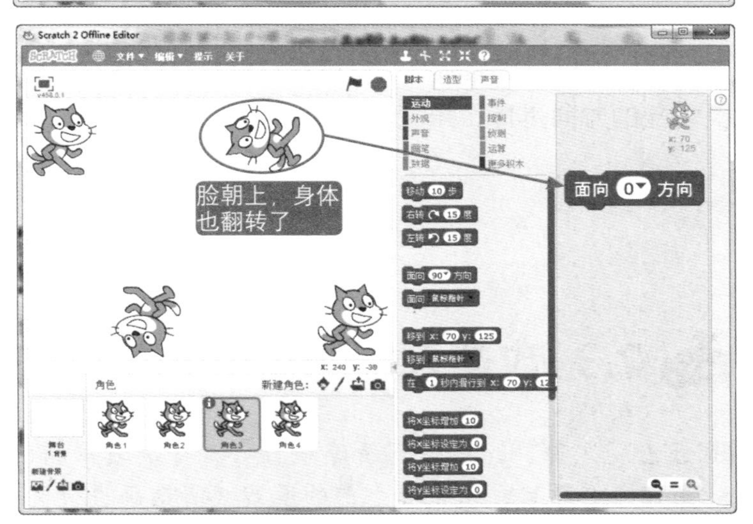

第四个猫猫侠：

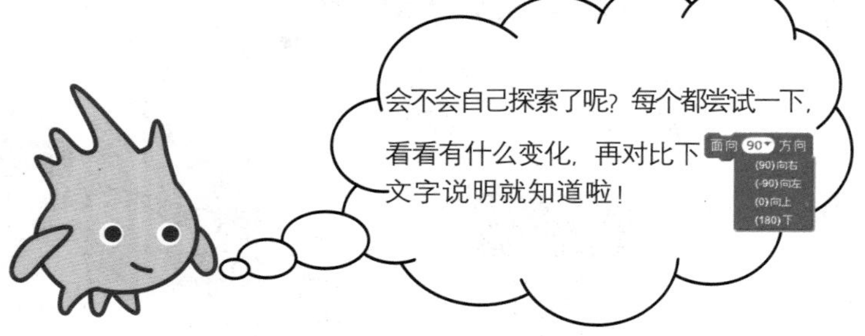

除了选择这 4 个方向角度外，还可以填写我们想要的方向。我们可以填写在 −179 度到 180 度之间的任意角度。对照右边的方向图片，看看你想要朝向的方向是什么角度。

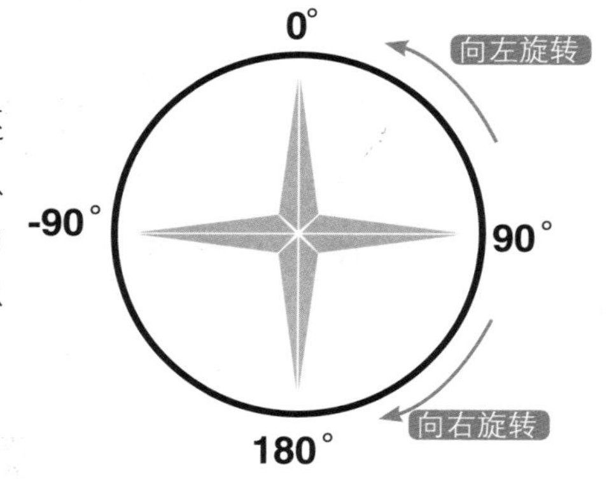

2.3 攻击入侵的女巫（面向程序块）

01 点击“文件”，选择“新建项目”。每次编写新的游戏或者动画都要新建一个项目，用来和之前的游戏或者动画进行区分。

02 新建角色，点击小人，选择“Witch”和“Wizard”角色。

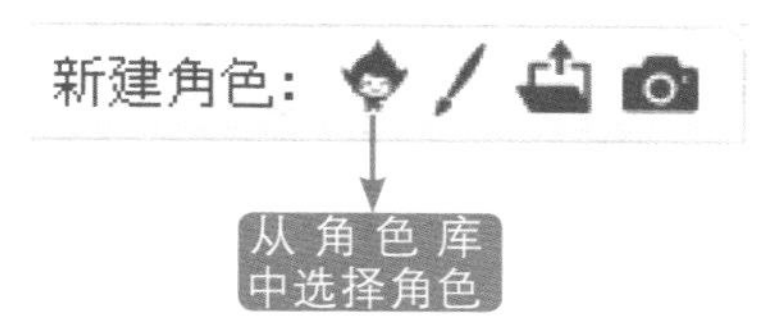

和出现在舞台区和角色列表里。

03 拖动角色摆放在舞台区，就像这样。

04 现在需要“Wizard”朝巫婆发起追逐攻击，选中“Wizard”角色。

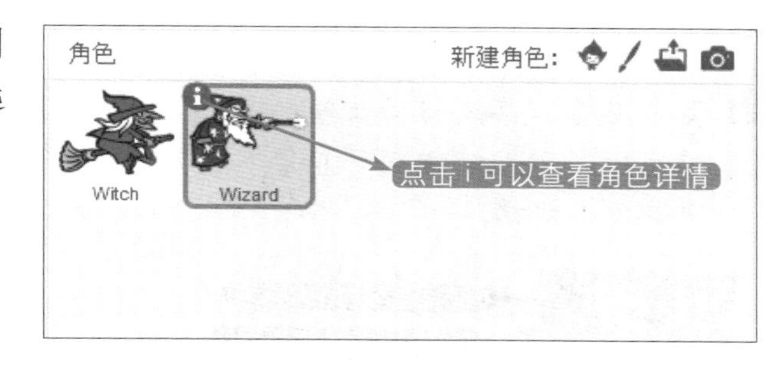

05 给“Wizard”起个好记的名字“法师”，也可以起一个你想好的名字，比如“老魔法师”。

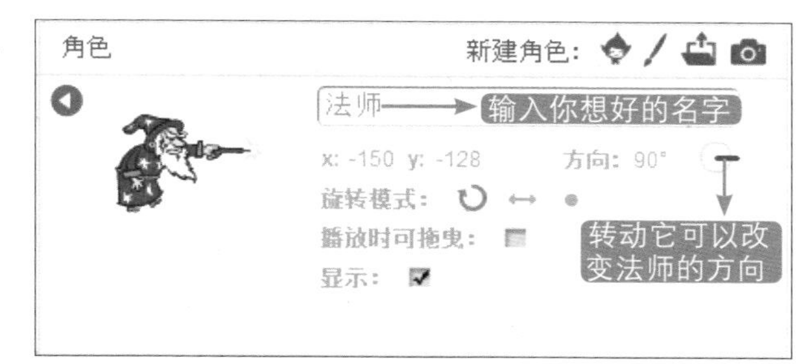

06 让法师向巫婆发起进攻，法师的攻击要瞄准并且要能追逐到巫婆才行。

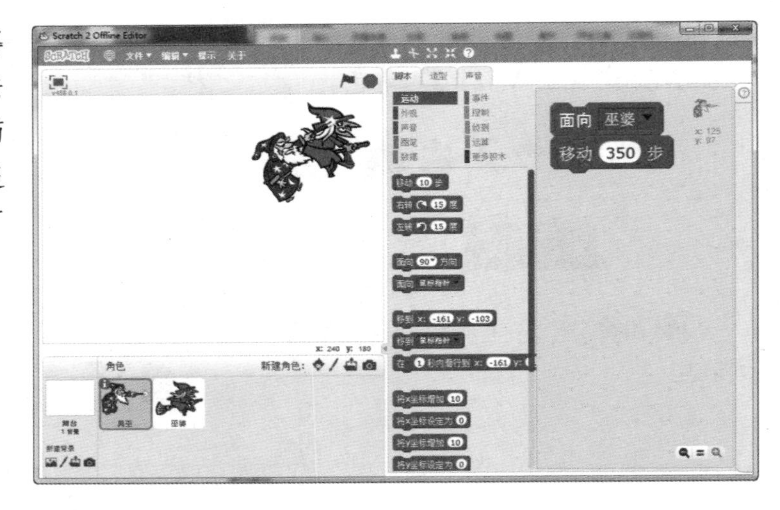

07 面向巫婆，修改移动步数，直到“法师”可以触碰到“巫婆”，使得攻击成功。

08 你可以添加其他敌人角色，点击倒三角选择其他敌人，还可以朝着鼠标。

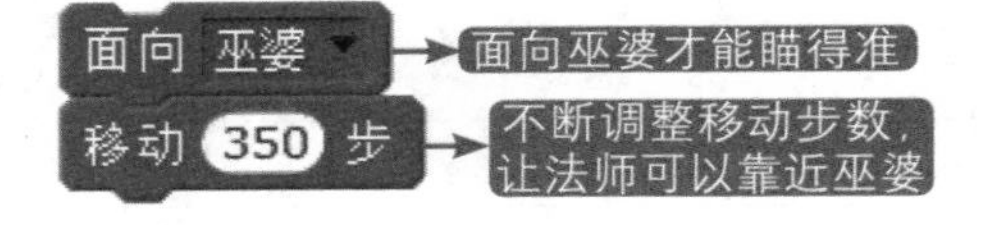

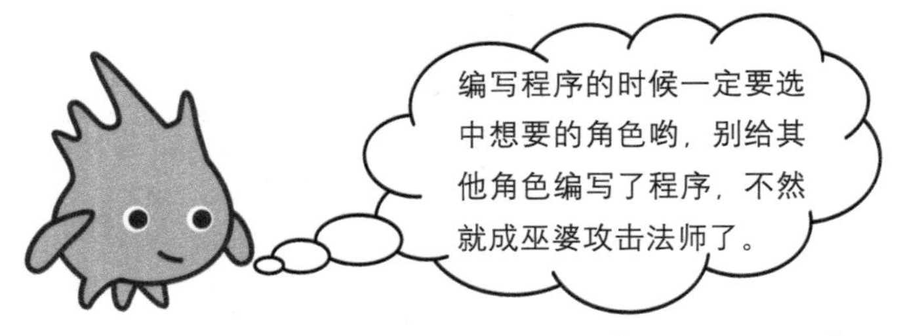

09 记得保存项目，再给项目取一个名字，叫作“法师打巫婆”。

2.4 瞬间移动超能力（移动到 x、y）

舞台区每个位置都用一个 x 坐标和一个 y 坐标来记录。

01 新建项目，删除猫猫侠，这次的主角是 Giga。新建角色，点击小人，选择“Giga walking”角色。

02 移动鼠标，看看鼠标的 x 坐标和 y 坐标的变化。

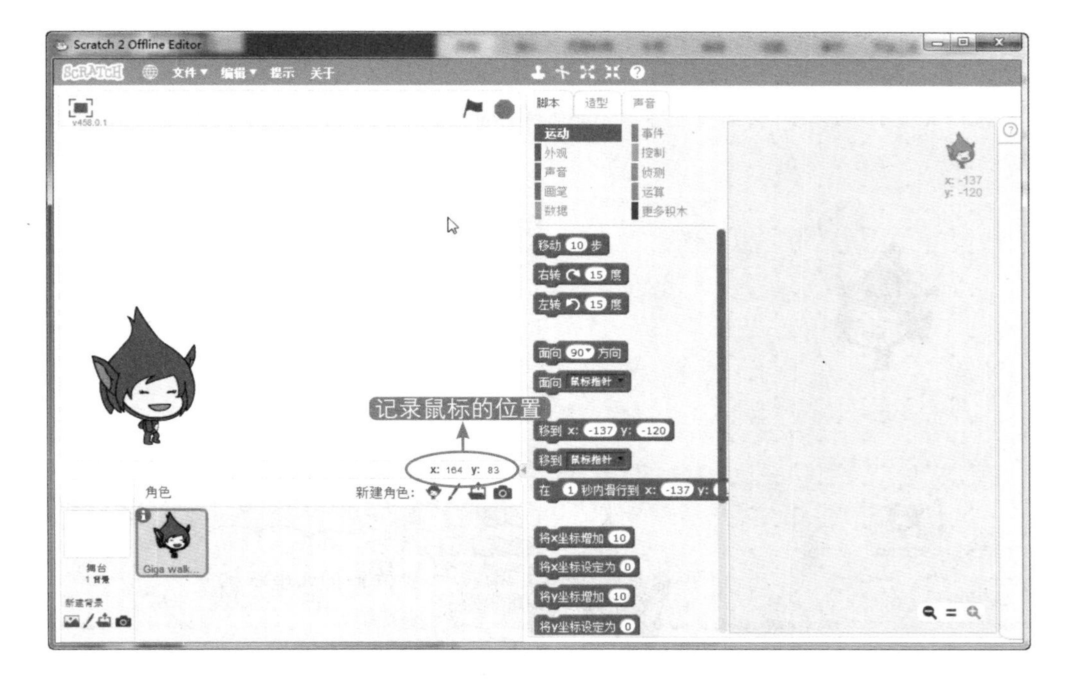

03 修改 Giga 移动位置的 x 坐标和 y 坐标，记得点击程序块运行，Giga 立刻移动过去了。

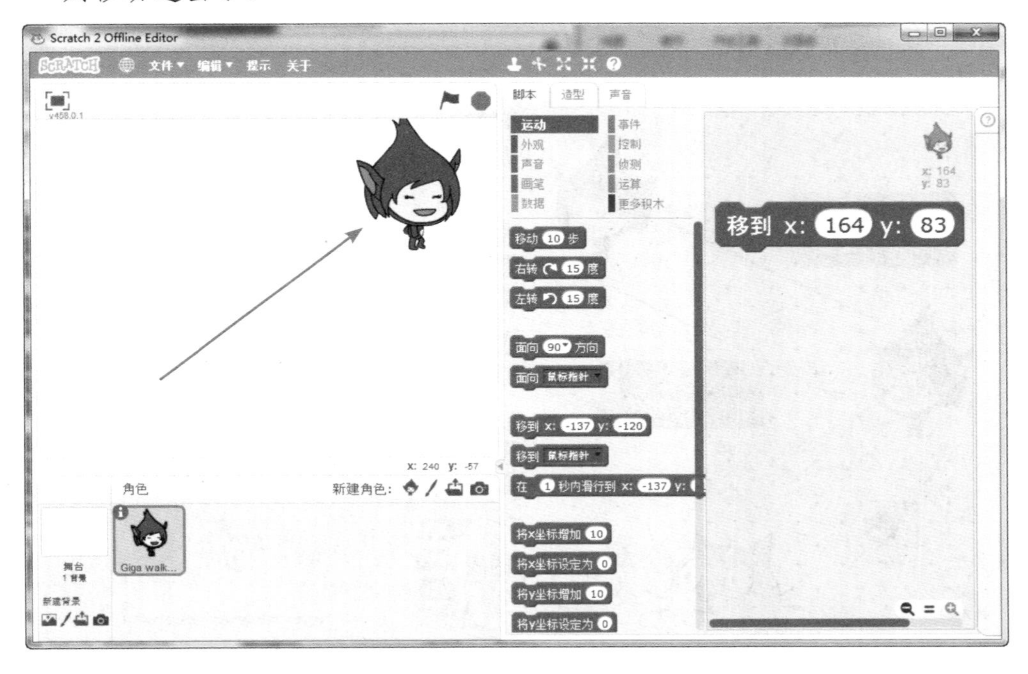

04 拖动 Giga 角色，观察角色位置的坐标变化。

接下来学习瞬间移动超能力。

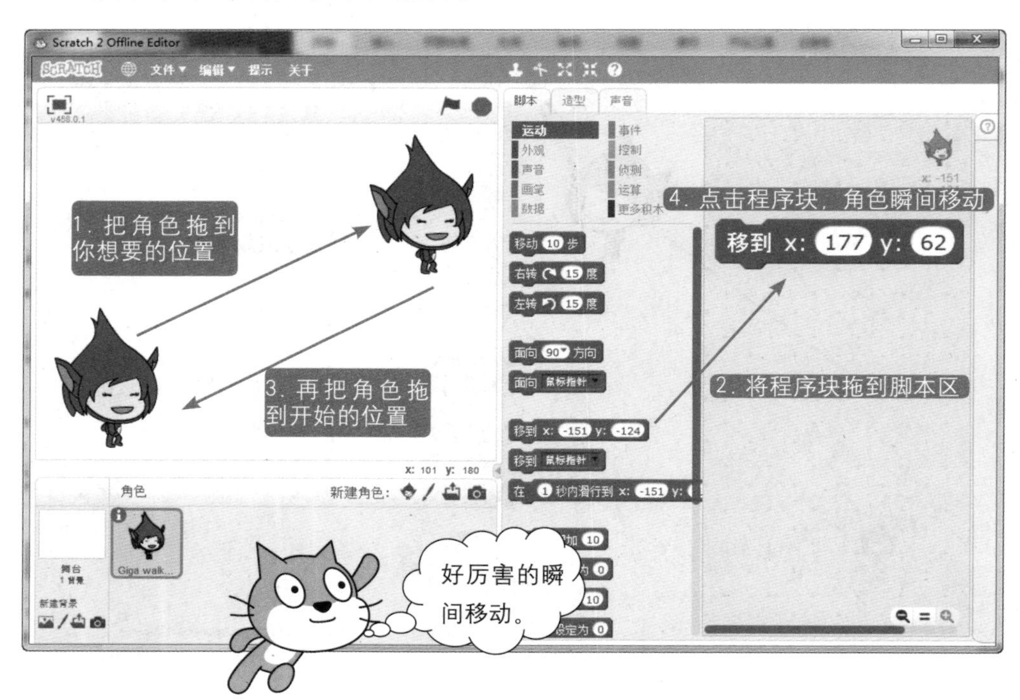

 2.5 发射跟踪导弹（移动到）

猫猫侠要去导弹发射室控制跟踪导弹的发射了。

01 新建项目，删除猫猫侠，从角色库中添加“Spaceship”“Bat2”角色，分别修改它们名字，叫作“导弹”和“蝙蝠”。

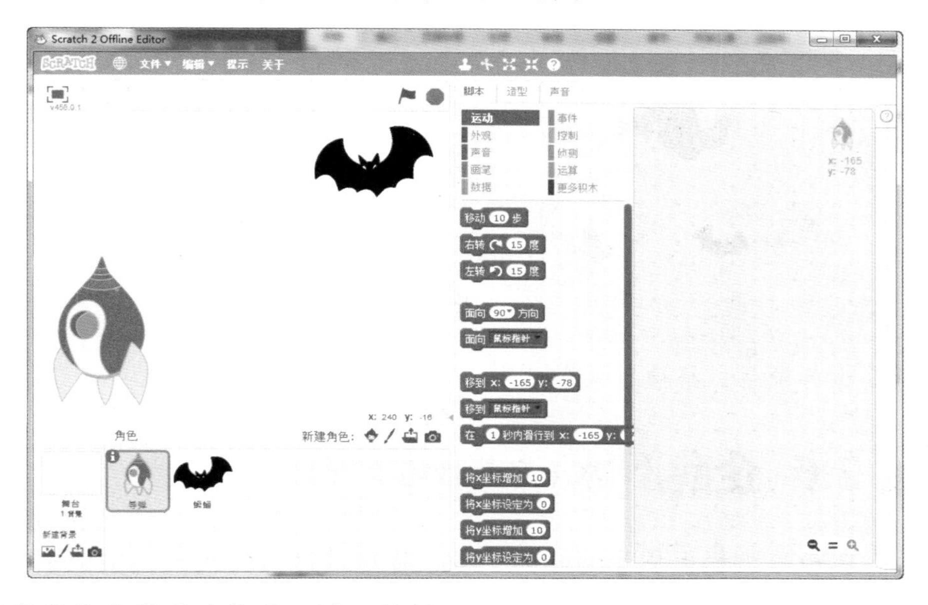

02 猫猫侠发射跟踪导弹，消灭蝙蝠。

03 轰炸多个敌人，试试导弹跟踪鼠标移动。

04 记得保存项目，给项目取个名字，叫作“发射跟踪导弹”。

2.6 企鹅滑冰（在几秒内滑行到）

企鹅也来编程世界学习超能力啦，猫猫侠做老师啦。相信你也可以做小老师了。

新建项目，删除猫猫侠，从角色库中添加“Penguin3”角色，修改它的名字，叫作“企鹅”。

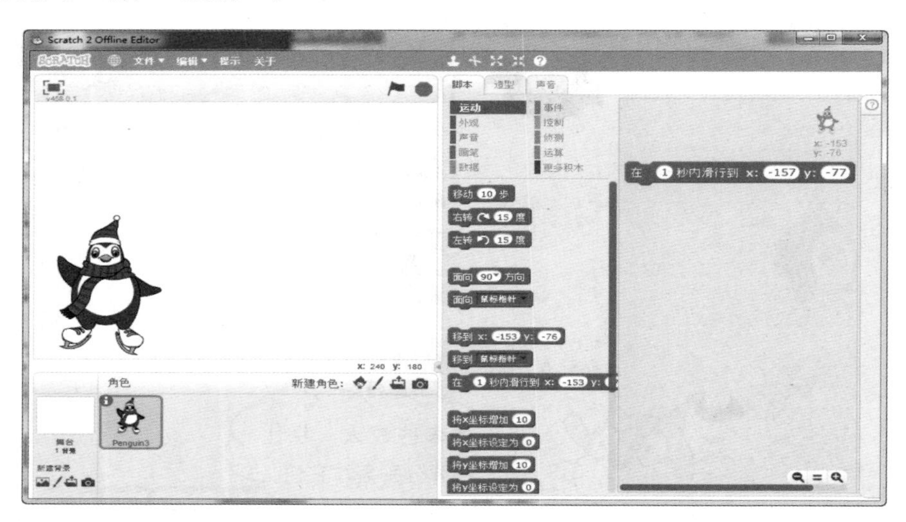

植入程序块的企鹅，想滑到哪就滑到哪，想几秒到就几秒到。

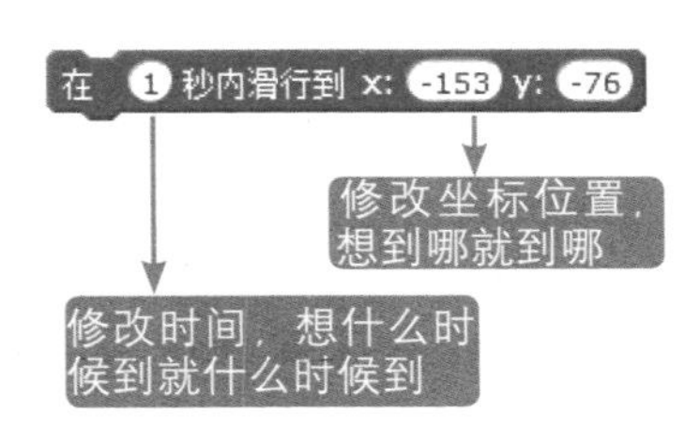

 2.7 弹性墙壁（碰到边缘就反弹）

猫猫侠进入一个弹性墙壁的房间，一进入就被植入了碰到边缘就反弹程序块，同时还框上了重复执行程序块，看样子是要弹个够了。

 2.8 掌握旋转的奥秘（旋转模式）

猫猫侠为了不被翻来覆去的旋转所弹晕，被它发现了控制旋转的秘籍。

控制旋转模式有两大绝招。

绝招 1

将旋转模式设定为左-右翻转▾
左-右翻转
不旋转
任意

植入程序块，选择不同的旋转模式。

绝招 2 进入角色的详情。

点击角色左上角的 i 进入角色详情。

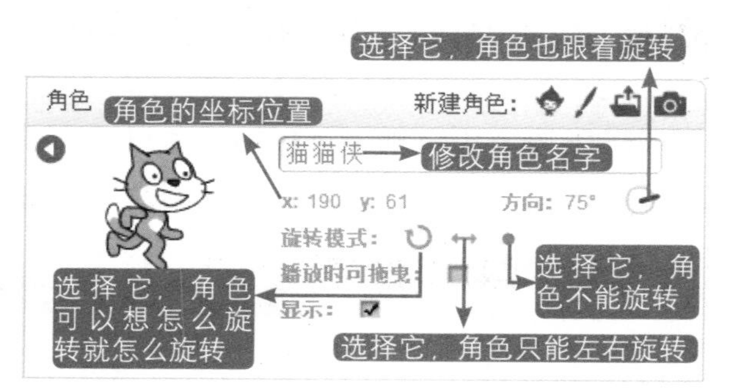

点击◀关闭角色详情。

还记得面向 4 个方向的那 4 个猫猫侠吗？改变它们的旋转模式看看会有什么变化。

试一试吧！

观测角色的方位（x 坐标、y 坐标、方向）

勾选运动模块的 x 坐标、y 坐标、方向。在猫猫侠不停反弹的时候，观察数值的变化。

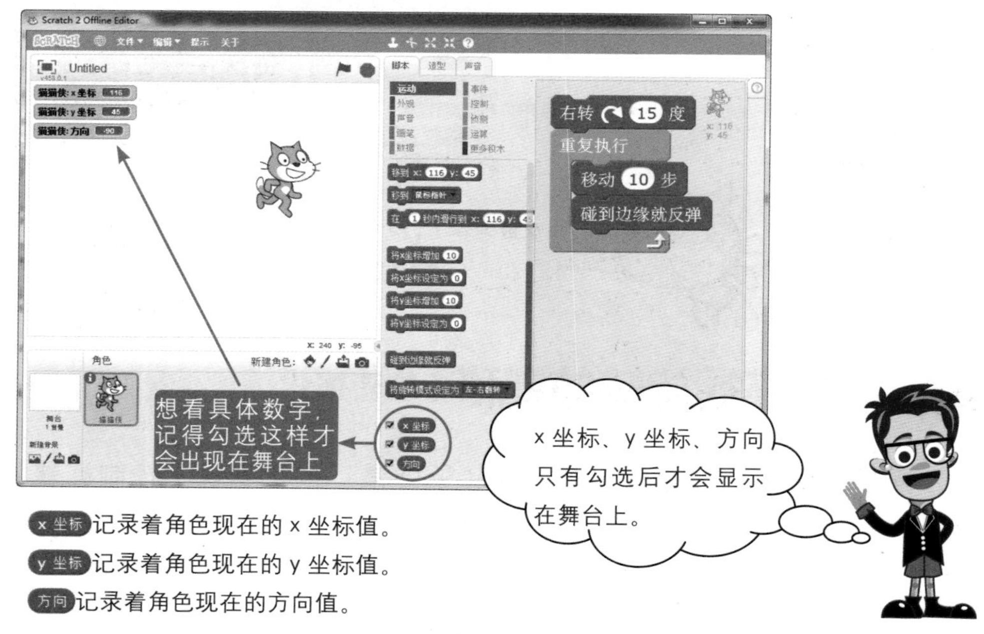

x 坐标 记录着角色现在的 x 坐标值。

y 坐标 记录着角色现在的 y 坐标值。

方向 记录着角色现在的方向值。

（外观模块）

外观 外观模块掌握着各种各样的变幻技能，可以像如意金箍棒一样变大变小，也可以变化各种颜色、各种样子，更可以隐身。还有很多奇妙的变幻技能，一起来探索吧。

3.1 猫猫侠学说普通话（说话程序块）

在编程的世界，可以说英语也可以说汉语，不少动画就是从对话开始的。

要做动画片，我们先需要学会怎么让角色对话。如果你拍的果果照片找不到了，可以添加其他角色来和猫猫侠对话。

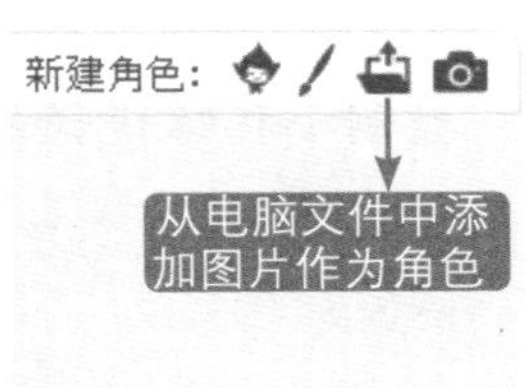

01 新建项目，从电脑图片中添加果果角色。

也可以添加其他图片或者从角色库中选择角色。

02 分别选中猫猫侠和果果少年，从事件模块中拖动“当绿旗被点击”程序块到脚本区，和外观模块中的“说”程序块拼接起来。

03 修改果果少年角色中的“说”程序块的文字，改成“你好！”。

04 说 Hello! 2 秒 修改文字，输入你想说的话，让对话更有趣。修改数字，让说话停留得久一点。

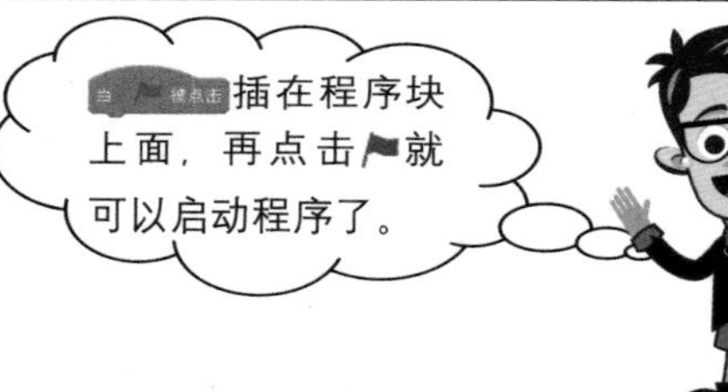

当 被点击 和 是好兄弟，要配合起来使用。

05 记得保存项目，给项目取个好听的名字。

果果思考

下面哪个程序块是刚刚控制小猫咪说话的呢？

你作答

用线将程序块和小猫咪连起来。

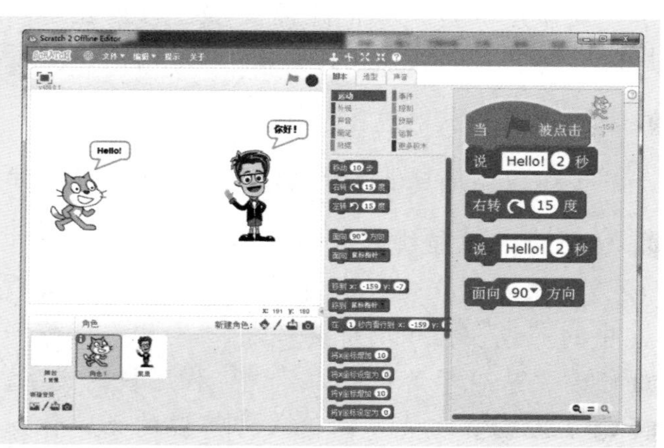

说 Hello! 这个程序块就交给你和猫猫侠一起探索了。

3.2 说错话的猫猫侠（思考程序块）

猫猫侠说话总是不过脑子，老是说错话，你看这大下午的问小精灵有没吃早饭，感觉有点神志不清。

01 新建项目，添加“Gobo”角色，修改名字为“小精灵”，修改“角色 1”的名字为“猫猫侠”。

02 选中“猫猫侠”角色，拖动“当小绿旗被点击”和“说”程序块到脚本区拼接起来。修改说话文字“小精灵，你吃过早饭了吗？”。

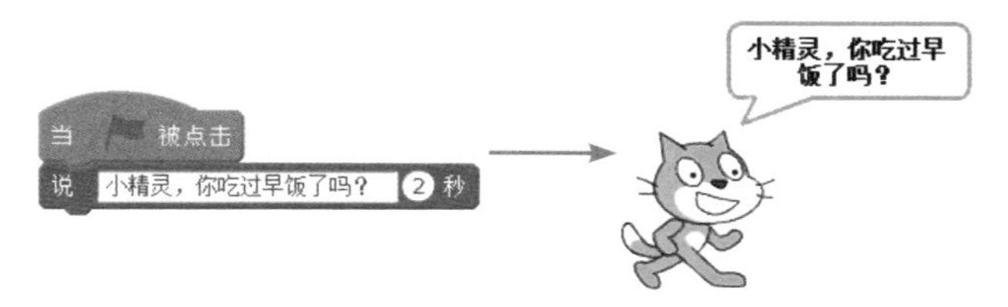

03 选中“小精灵”角色，拖动“当小绿旗被点击”和“说”程序块到脚本区拼接起来。修改说话文字“猫猫侠，这都下午 5 点，该问晚饭了”。

04 保存项目，叫作“说话前要思考”。

说话前记得思考哟。思考是气泡，说话是对话框。

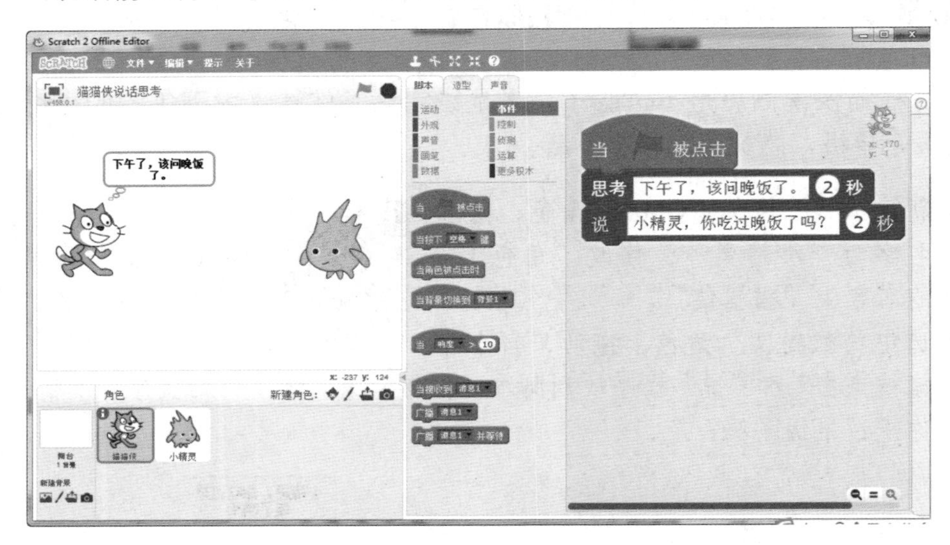

3.3 隐身超能力（显示和隐藏）

显示和隐藏一般都是配合着出现的，隐身后总是要显示的哟。

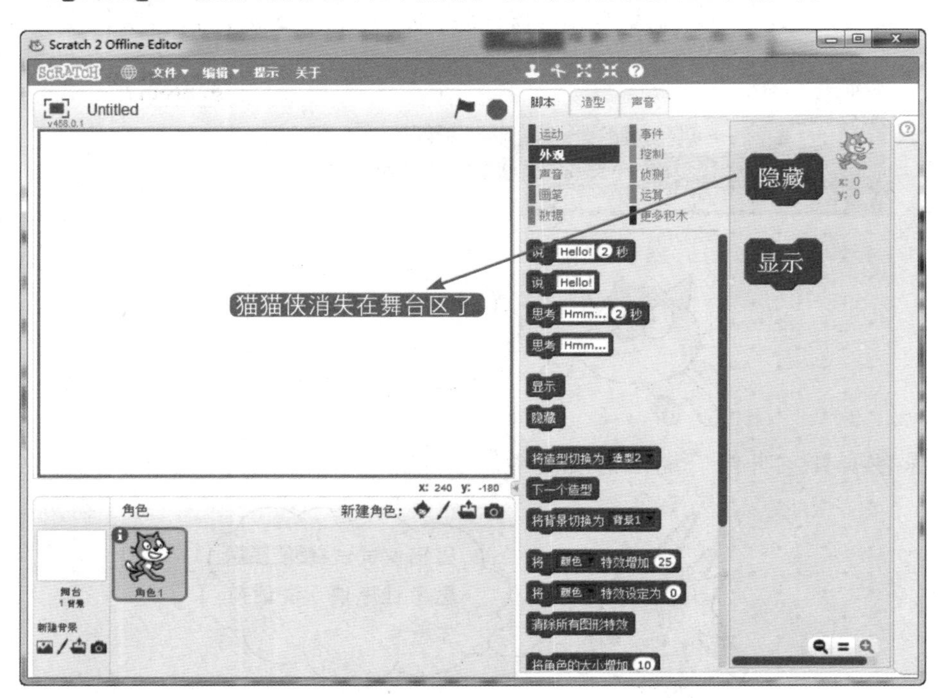

点击隐藏程序块，猫猫侠消失啦，点击显示程序块，猫猫侠再次出现。

3.4 切换战斗模式（造型切换，下一个造型）

01 新建项目，从角色库中添加“Dragon”战斗恐龙，战斗恐龙在发怒的时候可以喷射火焰。

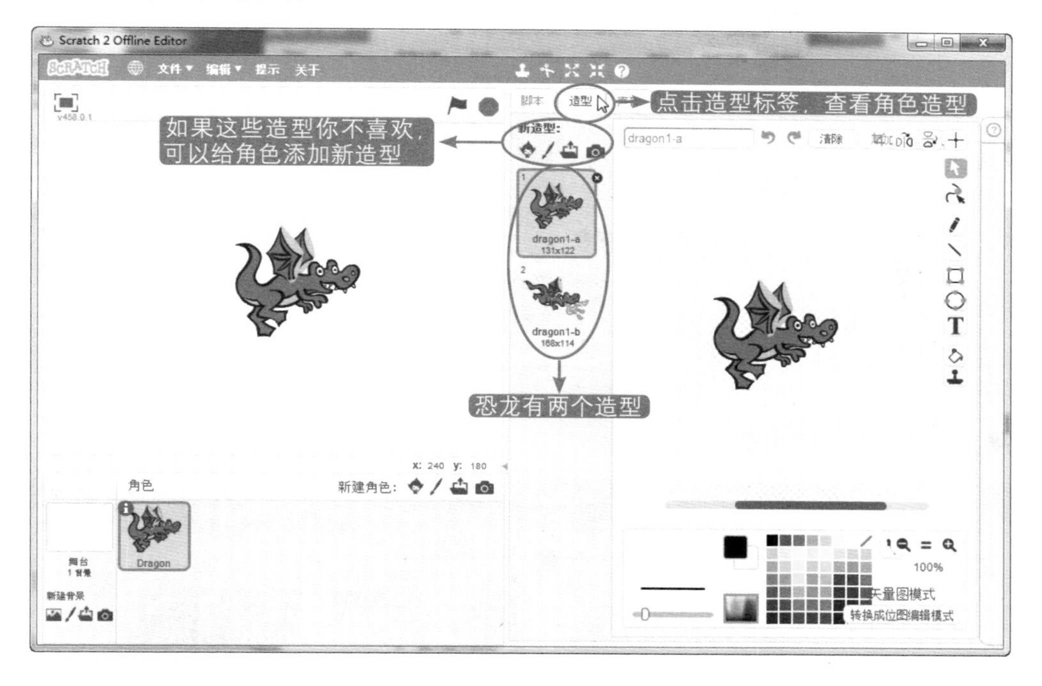

02 给角色的造型取一个好听的名字。

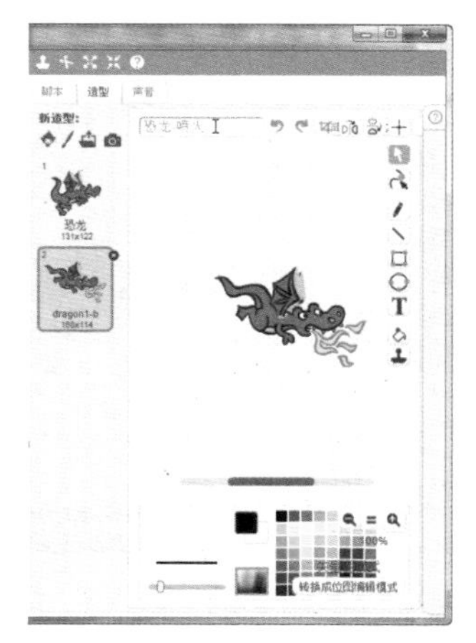

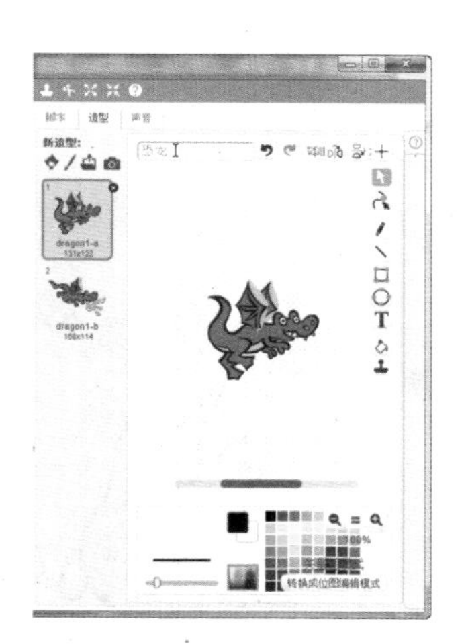

03 将恐龙切换成喷火战斗状态。

04 两个造型来回切换。

05 保存项目，取名字叫作“喷火的恐龙”。

恐龙造型是矢量图，矢量图无论怎么放大缩小，图片都不会模糊。

在 Scratch 中，如果造型是矢量图，那么它的绘制工具栏就在右边。

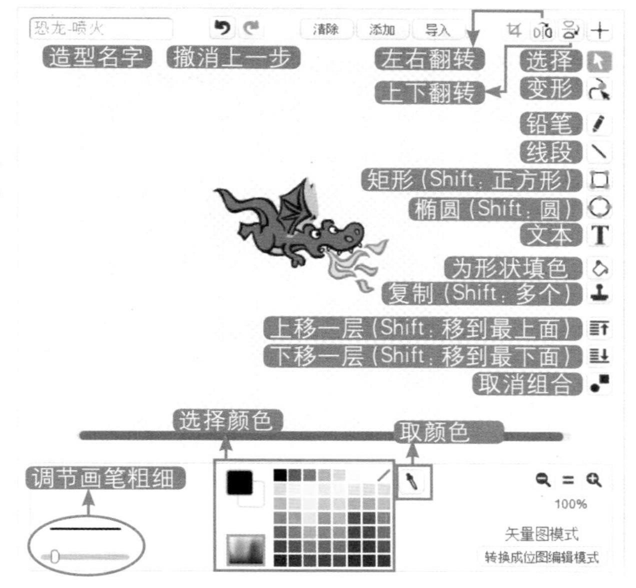

矢量图造型可好玩了，我们可以自由自合呢，看我都把恐龙喷出的火焰移动到鼻子和尾巴上了，是不是很有趣？

自由组合造型绝招：

（1）选择工具，选中造型图。

（2）点击取消分组。

（3）可以自由组合啦。

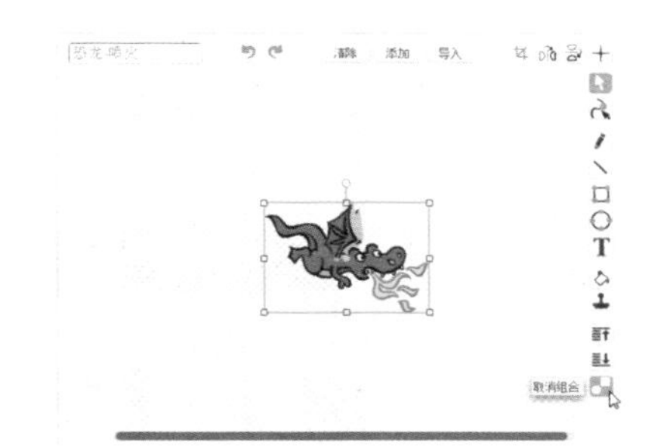

 3.5 改变编程空间环境（将背景切换为）

给编程世界增添些背景图案。

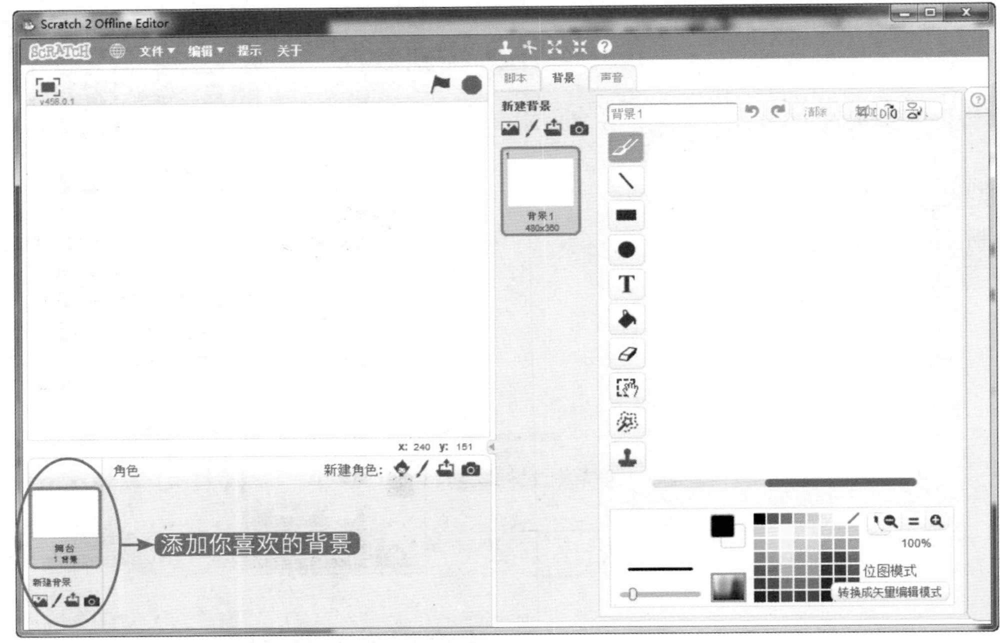

添加背景有四大绝招。

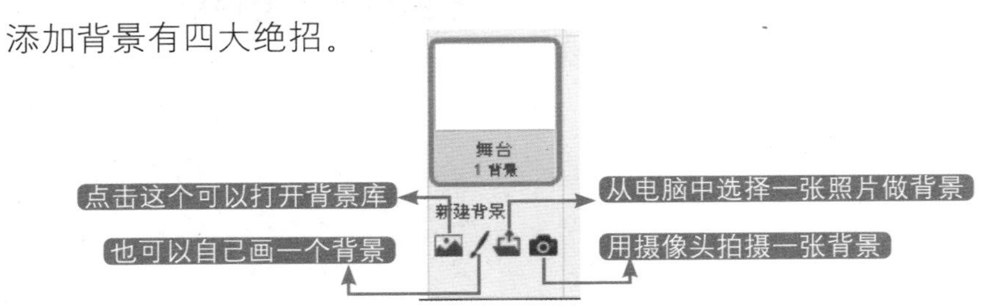

添加一张卧室背景。

有些女孩子喜欢粉色的卧室，我们再添加一张粉色房间背景。

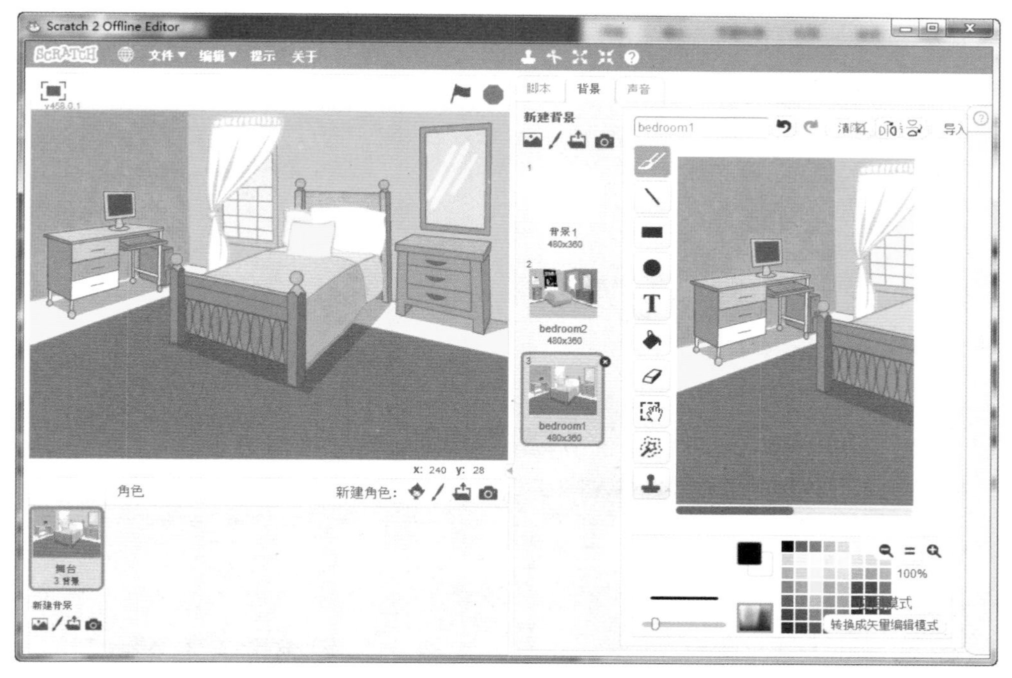

还记得怎么给角色造型取名字吗？用同样的方法给背景取个名字吧。

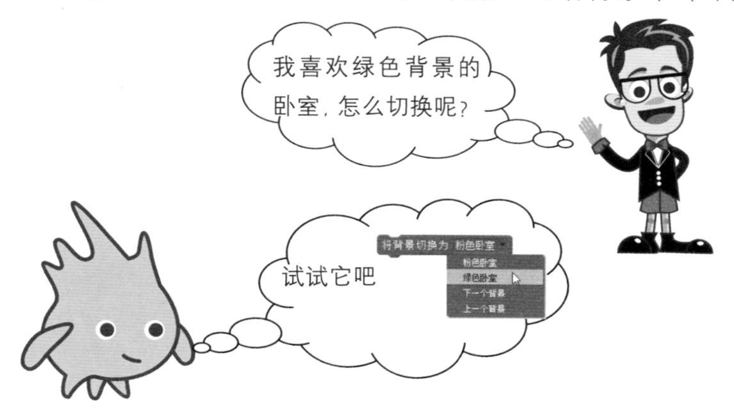

3.6 参观变色龙（设定颜色，改变特效）

猫猫侠来到沙漠中，学习变色龙的超能力。

01 新建项目，添加“desert”背景。

02 选中背景后，点击背景标签，然后输入新名字。

03 添加“Dinosaur3”角色，拖动 将 颜色 特效增加 25 程序块到脚本区。

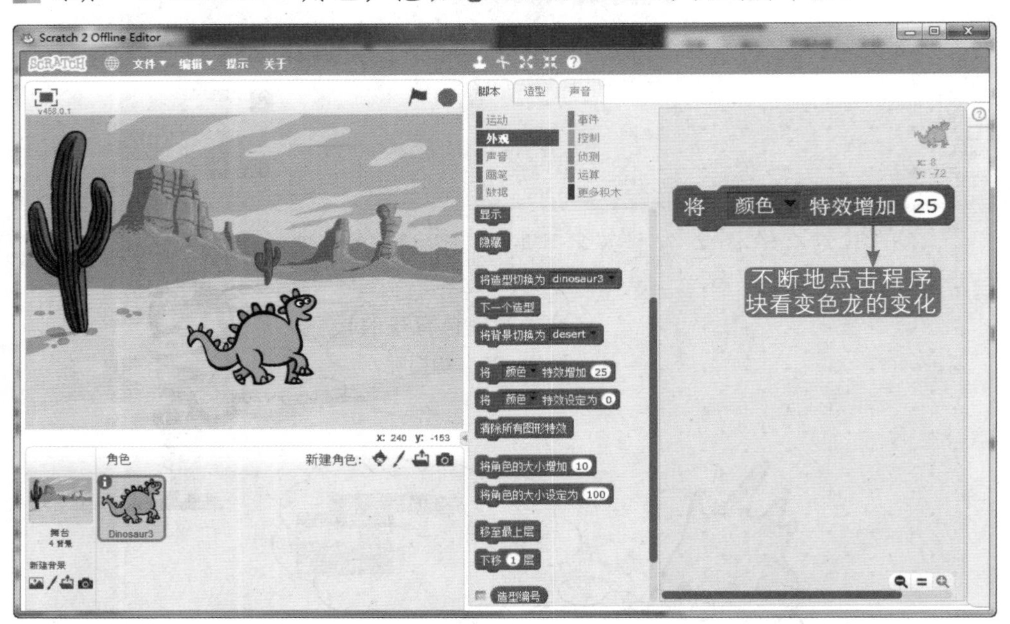

04 你还可以设定变色龙的颜色 将 颜色 特效设定为 0，修改圈圈中的数字改变变色龙的颜色。

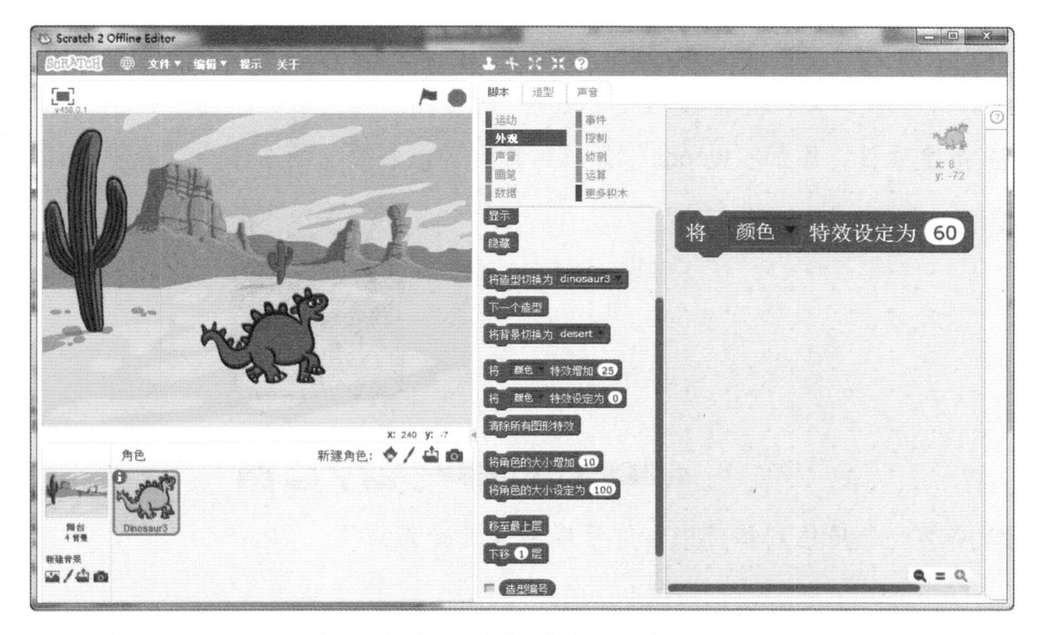

05 保存项目，给项目起个名字，叫作“变色龙”。

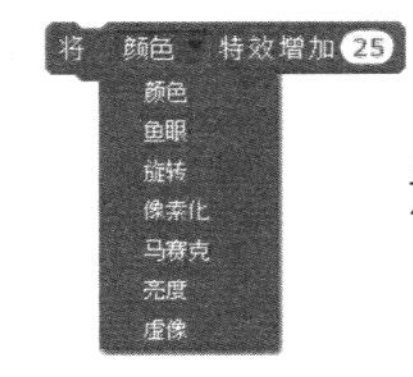

还有很多特效等着你去尝试呢？每个都试一试，你就全部知道了。

果果思考

马赛克效果好像经常听到，但是你知道马赛克是什么样子的吗？看看右边的4张图，哪张是马赛克的猫猫侠呢？

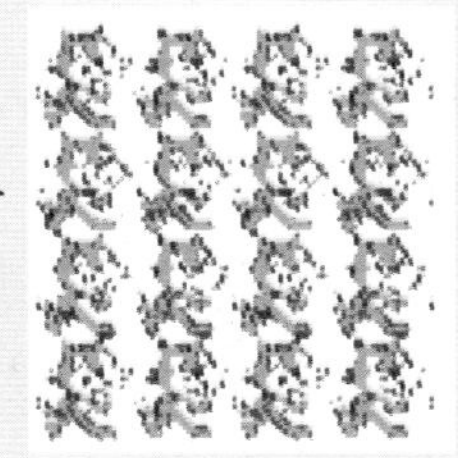

你作答

把正确答案圈出来。

3.7 变大变小（角色大小，工具变大变小）

01 新建项目，添加“woods”背景到舞台区，修改它的名字为“森林”。

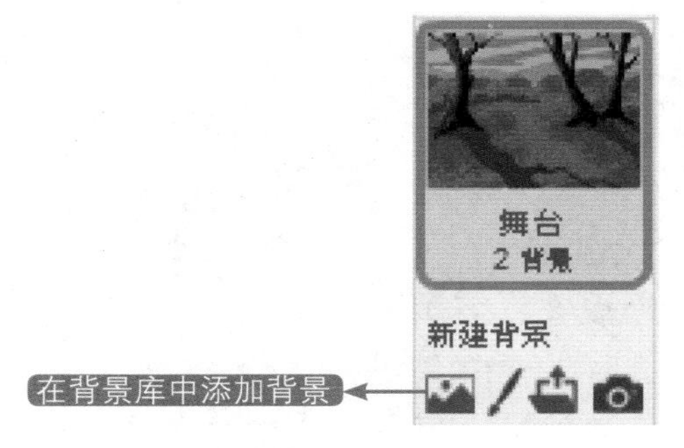

02 添加一个角色到舞台中，你可以继续选择猫猫侠。

变大变小可以使用注射剂，也可以使用程序块。

绝招 1 注射剂就和之前的删除一样。

绝招 2 使用超能力程序块。

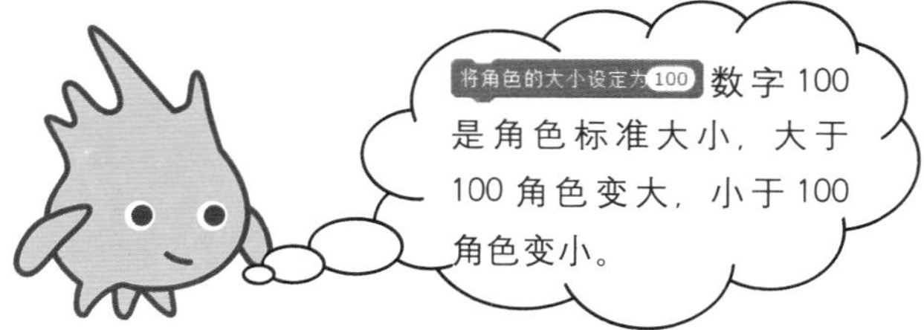

3.8 拍照的风波（移动到上面）

选中一个背景，添加多个角色一起拍照，尽量多添加你喜欢的角色。

还好我会移至最上层超能力，哈哈。

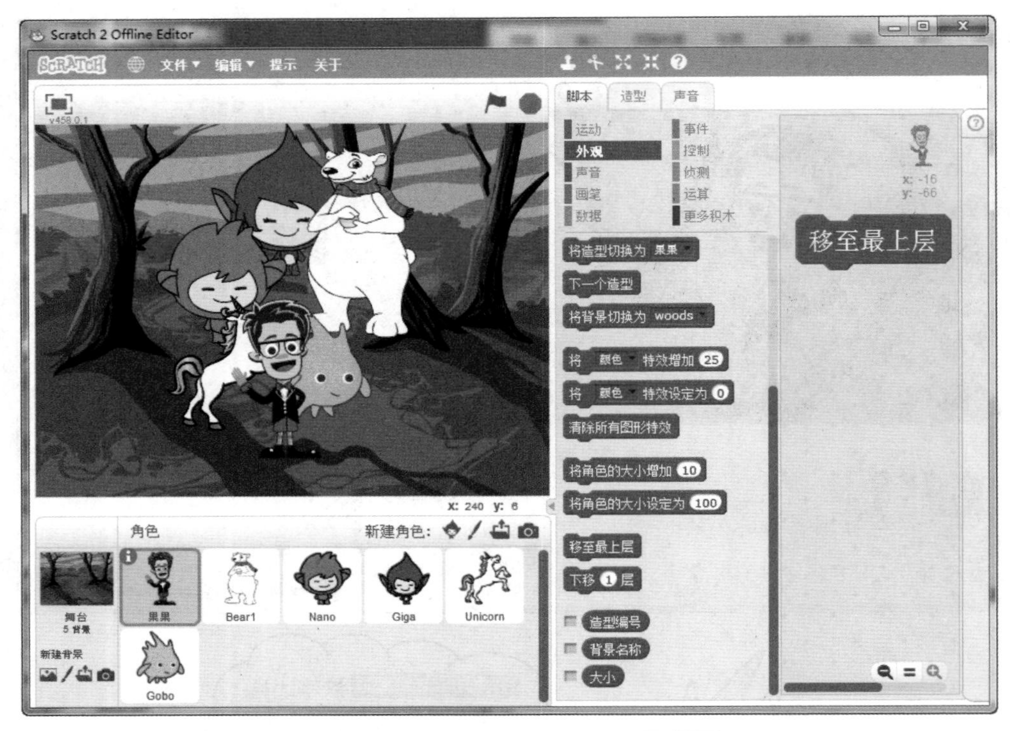

还有个笨办法，把其他角色都移到下一层下移1层，你要不要试一试？办法我们要使用最有效、最便捷的。

3.9 观测变化（造型、背景、大小）

勾选造型编号造型编号、背景名称背景名称、大小大小，就可以在舞台上看到它们的属性了。

还可以使用它们将你想要知道的内容说出来，只需要将它们嵌入“说”程序块中就可以了。

这就将角色大小和背景名称都说出来了。

第4章 音乐的美感

（声音模块）

学习了两大超能力，我们也该放点音乐，哼哼小曲，跳段舞蹈庆祝庆祝了。猫猫侠音响和乐器都搬来了，一起来嗨吧。

4.1 新买的音响（播放声音）

添加灯光丰富的舞台背景，添加爱跳舞的小帅哥和小美女，再添加一些乐器。音乐配舞蹈，其乐融融。

01 新建项目，打开角色库，在舞蹈分类中找到跳芭蕾舞的小女孩和跳街舞的小帅哥。

我爱跳芭蕾舞。

我喜欢帅气的街舞步伐。

02 打开角色库，在音乐分类中找到各种乐器和音响。

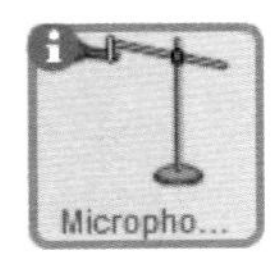

03 打开背景库，添加舞会背景，并将角色各自排好位置。

04 编写芭蕾舞小女孩和街舞小帅哥跳舞的程序。记得看看它们都有哪些造型哟。

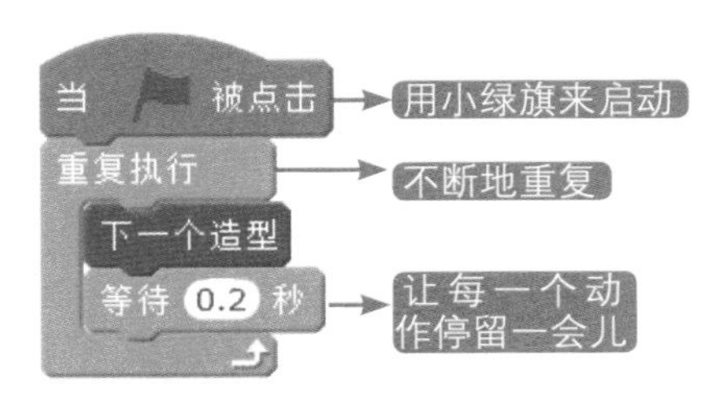

05 让每个乐器播放一段曲子，每个乐器都有属于它们自己的声音，将它们一起播放起来，来一场交响乐。

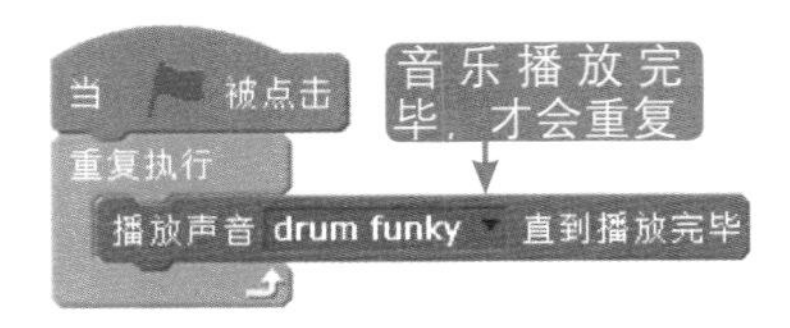

06 保存项目，叫作“热闹的舞会”。记得对比它们的区别。

4.2 音乐会小小鼓手（弹奏鼓声）

来给音响增加各种各样的鼓声。

选中音响，添加这些鼓声演奏程序块到音响脚本。每个数字对应一种鼓，不用去死记硬背，需要的时候找到对应的鼓声就可以了。

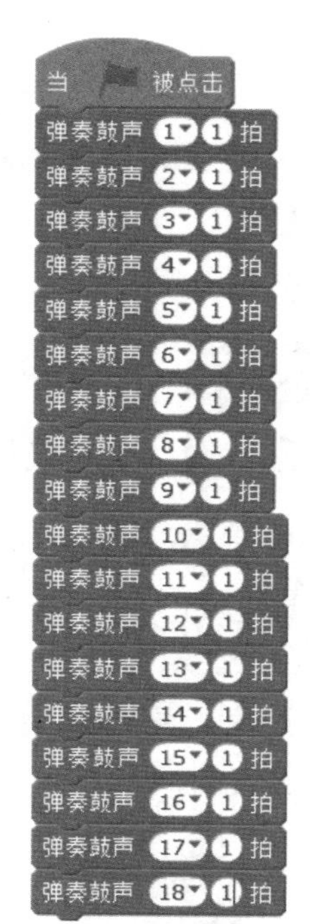

4.3 学习乐器弹奏（设定乐器）

猫猫侠一看到音乐是一刻都停不下来呀。

01 新建项目，打开角色库，找到“Piano-Electric”。添加角色到舞台，重命名为“电子琴”。

你也可以添加自己喜欢的乐器，比如钢琴、电吉他等，用你熟悉的乐器演奏一曲吧。

02 猫猫侠用电子琴给大家弹奏一曲两只老虎，看看曲谱。

两只老虎

1=E $\frac{2}{4}$　　　　　　佚　名　词曲

1 2 3 1 | 1 2 3 1 | 3 4 5 | 3 4 5 | 5 6 5 4 |
两只老虎，两只老虎，跑得快，跑得快。一只没有

3 1 | 5 6 5 4 | 3 1 | 2 5 | 1 0 | 2 5 | 1 0 ‖
眼睛，一只没有尾巴，真奇怪！　真奇怪！

03 选择你喜欢的乐器，猫猫侠在这里选择（2）电子琴。

04 按照两只老虎的乐谱开始弹奏一曲，记得对应音符哟。

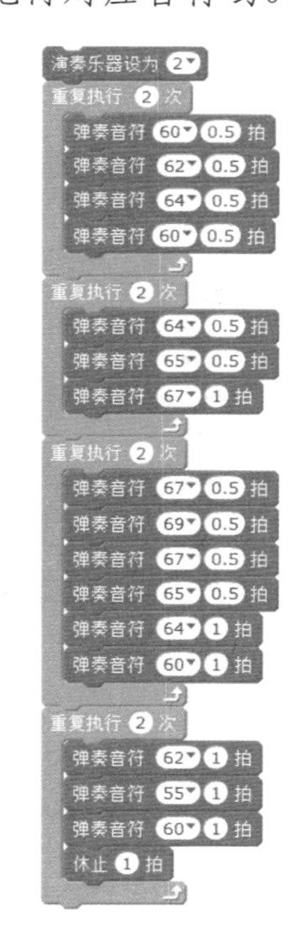

05 保存项目，叫作“两只老虎的演奏”。

果果思考

不知道你还会弹奏什么曲子，编一段你喜欢的音乐演奏给妈妈听吧。

你作答

如果妈妈觉得好听，邀请她来写个好。

4.4 声音扰民（音量、节奏）

果果少年将声音调到最大（100），并且演奏速度重复加快。

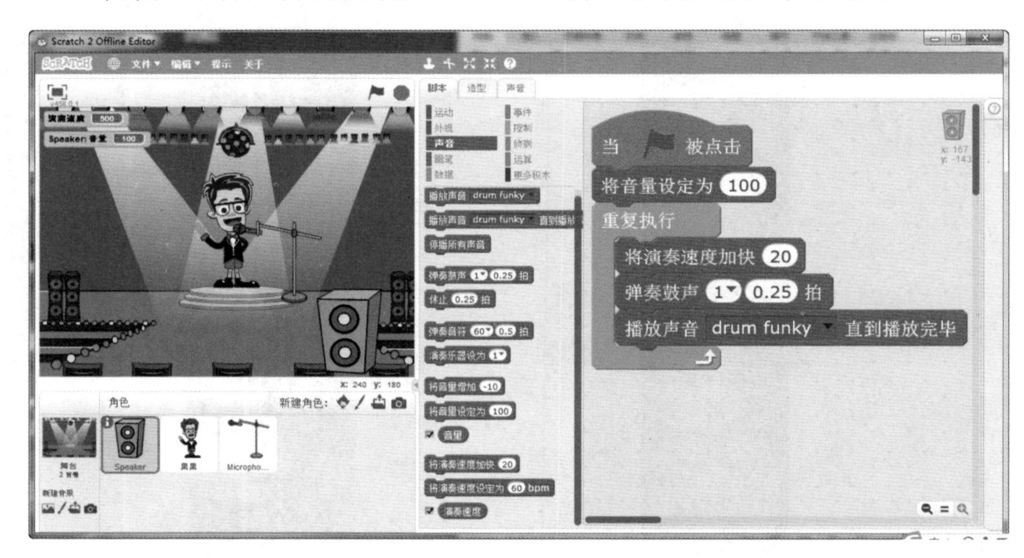

使用 将音量增加 -10 将数字改成 –10，减小音量。

使用 将演奏速度设定为 60 bpm 将数字改小些，减慢节奏。

调整音量和节奏的时候记得勾选查看 音量 和 演奏速度 的数值哟。

第5章 绘画的艺术（画笔模块）

绘画是多么有趣的一件事情，猫猫侠尝试过在纸上绘画，但是从来没有试过在电脑上绘画。在电脑上可以使用很多工具来帮助我们完成作画，快来试试吧。

5.1 制作彩色颜料（画笔颜色）

01 让我们来绘制个圆形的颜料桶角色吧，新建项目。

02 用画板先来画一个圆，按住键盘上的 Shift 键，这个圆就能特别圆。

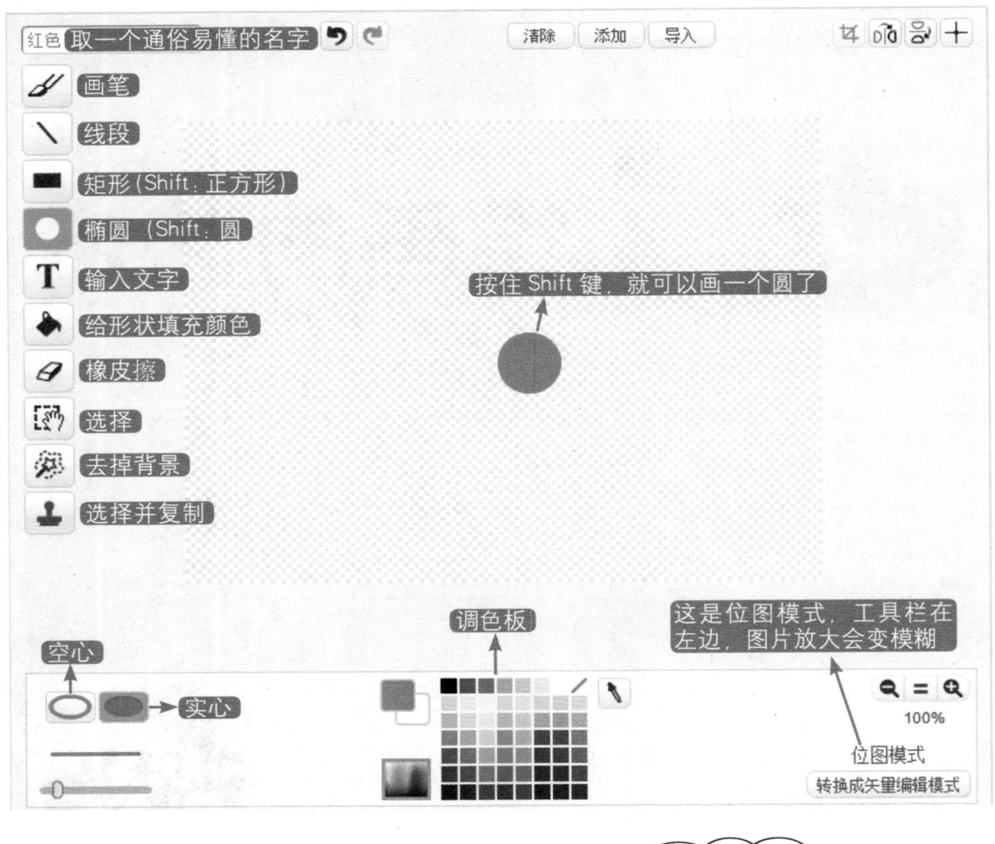

03 复制多个角色，创建多色桶，给每个颜料桶角色取一个颜色的名字。比如“红色”“黄色”“绿色” “蓝色” “紫色”。

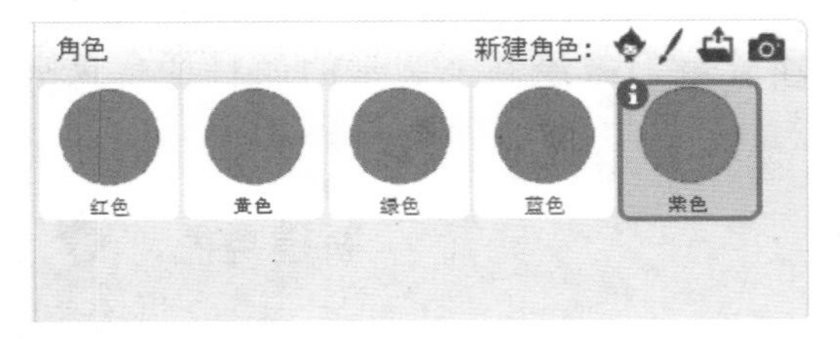

04 分别选中每个颜料桶，进入它们的造型画板界面。

05 然后用对应名字的颜色填充形状把颜料桶变色红色、黄色、绿色、蓝色、紫色。

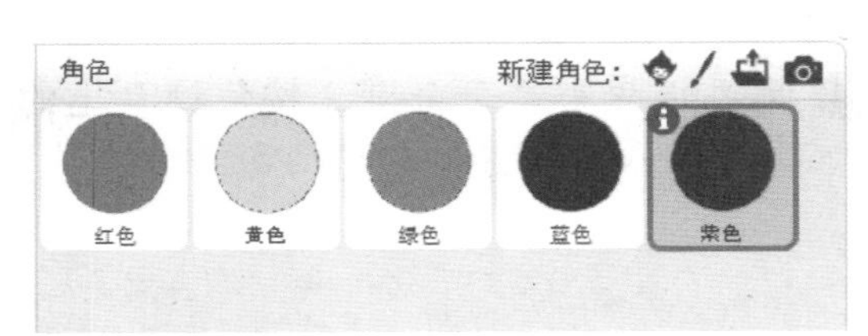

06 添加铅笔角色，并且将铅笔的笔芯设定为角色的中心。这样颜色就能从铅笔的笔尖画出了。

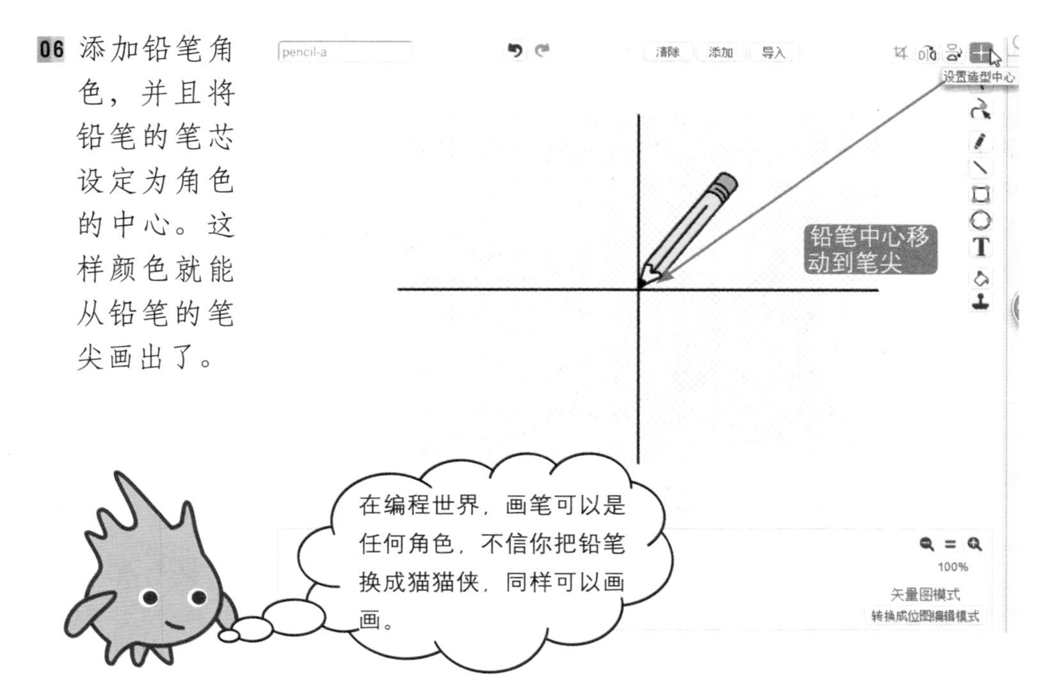

07 开始给铅笔编写脚本，选择铅笔画画的颜色。选中铅笔角色，把“将画笔颜色设定为”拖动到铅笔角色的脚本区，然后选取画笔的颜色。

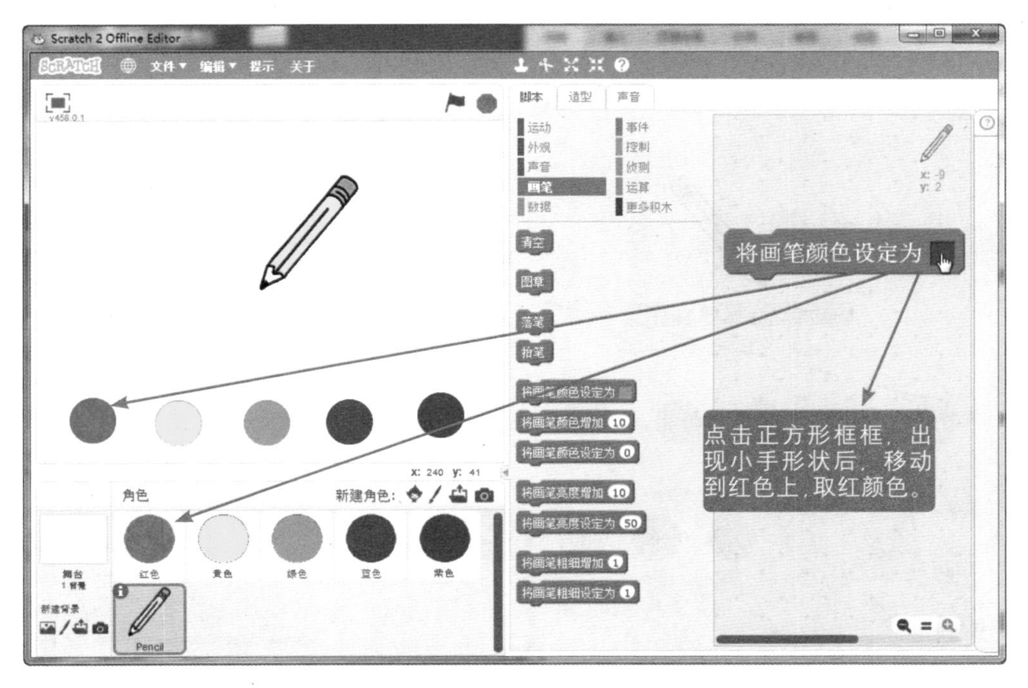

08 怎么让铅笔画出的颜色变成红色呢？

如果选择了舞台区的红色颜料板，铅笔画出的颜色就会变成红色，选择其他颜色板，就会画出其他颜色。这里我们需要使用事件模块的消息和广播程序块。

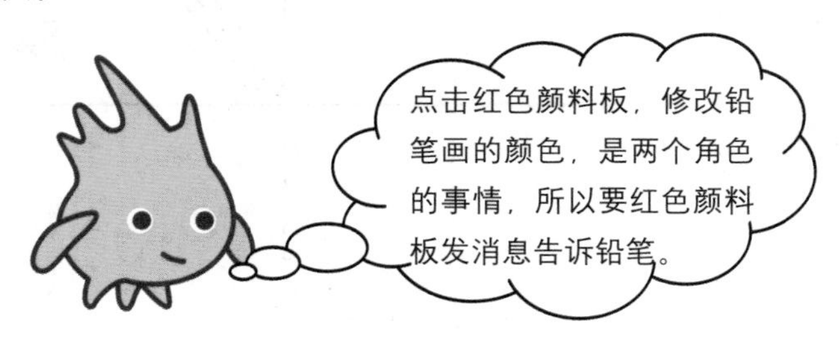

（1）创建新消息 广播 消息1 ▾ / 消息1 / 新消息... 。

（2）修改消息名称为“红色” 新消息 消息名称：红色 确定 取消 。

（3）得到红色广播消息 广播 红色 ▾ 。

09 选中红色颜料桶角色，在事件模块中拖动“当角色被点击”程序块和消息拼接起来。点击红色颜料板就可以发出“红色”消息了。

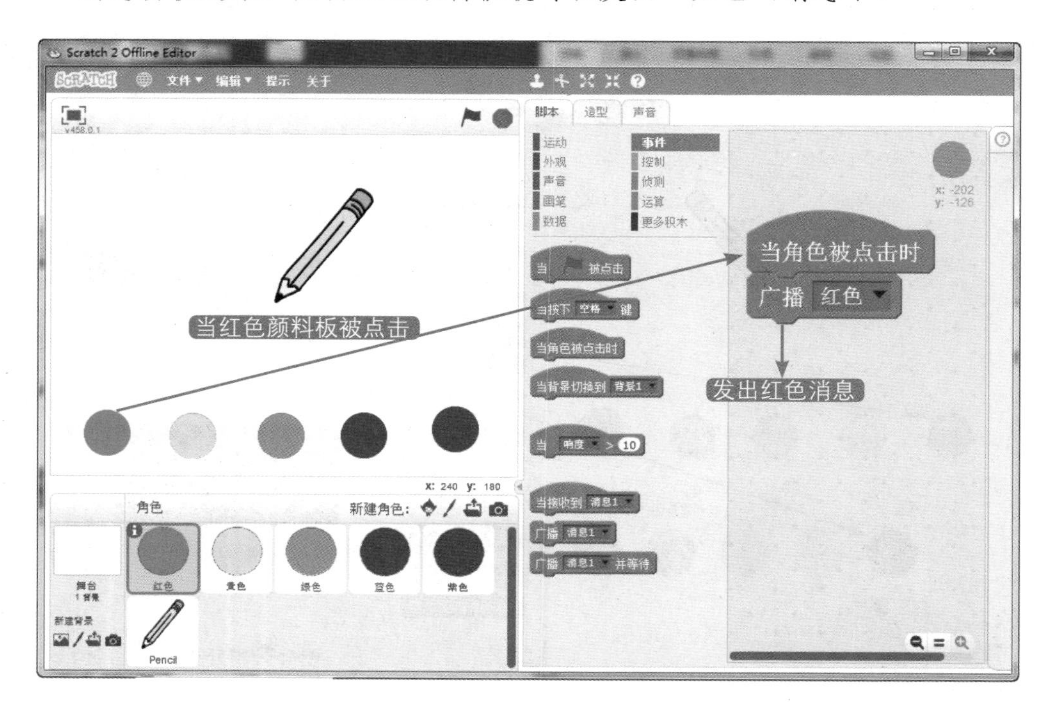

10 红色颜料板发出红色消息，铅笔接收红色消息，修改画笔颜色为红色。

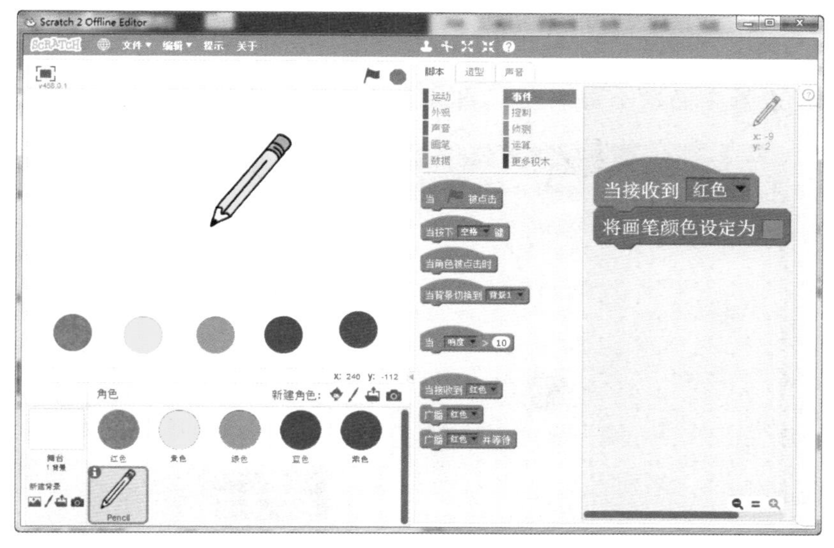

11 其他颜色板被点击后，都会发出不同的颜色消息。

12 铅笔接收到不同的颜料板消息，然后调节画笔颜色。

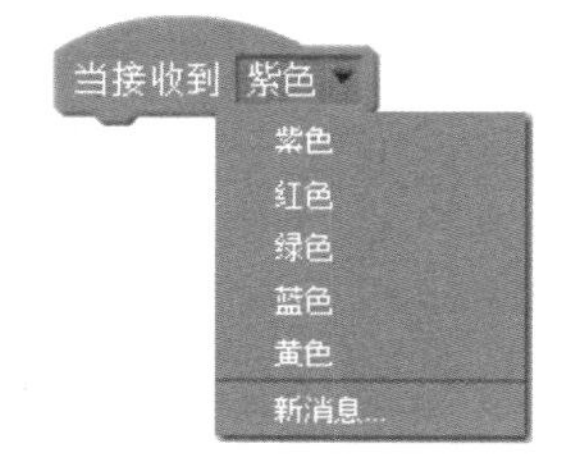

记得颜色和消息名称一一对应，不然颜色选择就会出现错误啦。

13 保存项目，叫作“自制颜料桶”。

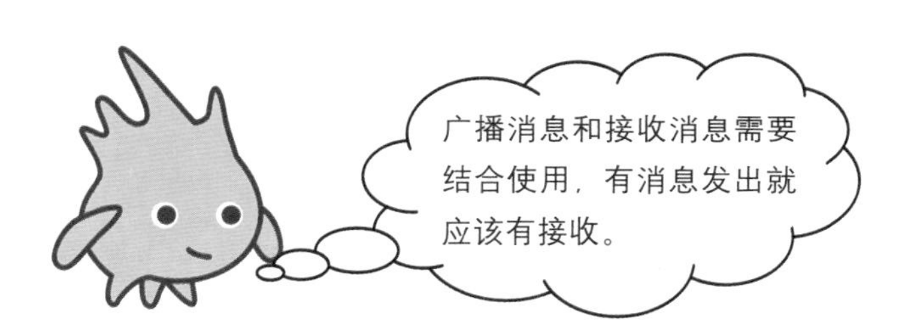

果果思考

看看下面这个颜料桶，当我点击它时，画出来的是什么颜色呢？

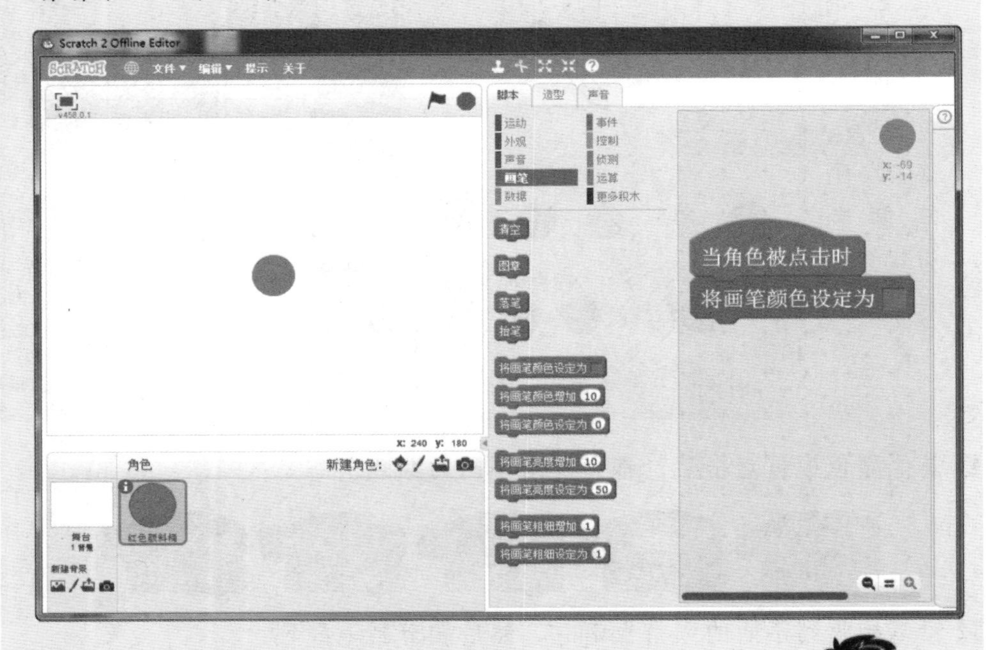

A. 红色　　B. 黄色　　C. 黑色　　D. 蓝色

你作答

给正确颜色打钩。

可以通过 将画笔颜色增加 10 和 将画笔颜色设定为 0 中间的数值调节和设定画笔颜色。还可以通过 将画笔亮度增加 10 和 将画笔亮度设定为 50 中间的数值调节和设定画笔亮度。

5.2 开始画画（抬笔、落笔、清空）

画画的时候需要落笔，让铅笔跟随鼠标移动来画画。

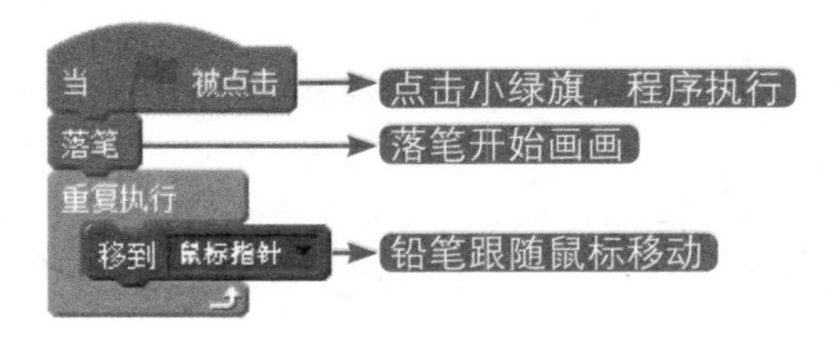

当按下空格键时，将画笔抬起，画画停止。

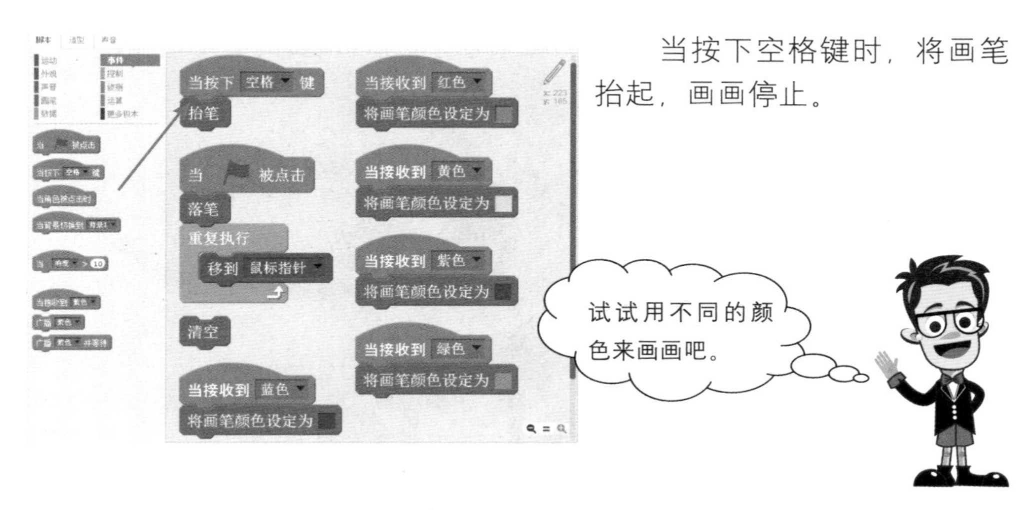

试着用 将画笔粗细增加 1 和 将画笔粗细设定为 1 来调节画笔的粗细。

画了太乱，只需要点击 清空 ，画板就干净了。

5.3 猫猫侠植树（图章）

猫猫侠接到一个严峻的植树任务，需要一天时间内在沙漠上种植 10 棵树。

01 新建一个项目，删除猫猫侠角色，打开角色库。

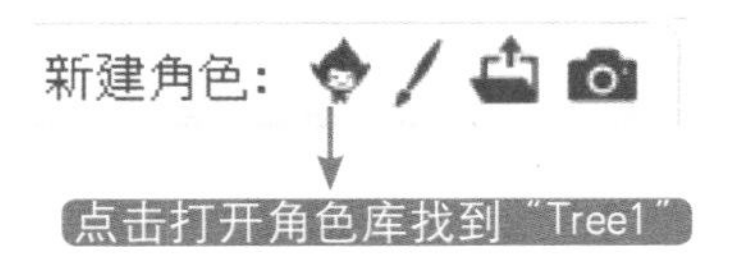

02 选择“Tree1”角色，点击“确定”按钮。

03 点击“从背景库中选择背景”，添加背景“desert”，修改背景名称为“沙漠”。

04 小树苗可没那么大，调节树木的大小。

05 开始种树啦，移动树木到想要种植的地方，点击 图章 程序块。

10 棵树就种植完成啦，是不是很酷。

图章的功能是将图案复制在舞台上。复制的图案不能移动，也没有程序。

第6章 好记性不如烂笔头

（数据模块）

再复杂的数字都能给你记下来，这就是数据模块。它不仅能够记录单个数字，还能记录班级每个学员的成绩。结合运算符就能计算各种复杂的计算题啦。猫猫侠想要好记性和数学拿高分，就要学好它哟。

6.1 神奇的变量（变量）

Pico走起来，你知道当Pico撞到边缘走不动的时候，一共走了多少步吗？

猫猫侠瞪着眼睛也没数清楚。

01 点击“文件”，新建一个项目，删除猫猫侠角色，打开角色库，选择“Pico walking”，点击“确定”按钮。

02 点击“从背景库中选择背景”，添加背景“blue sky”，重命名为“蓝天”。

03 为 Pico walking 编写如下脚本，让它在行走造型之间切换移动。点击小绿旗，看看 Pico 走路的样子。

04 选择数据模块 显示变量 步数，让变量来计数吧。

（1）点击 建立一个变量 创建一个变量。

（2）变量用于存放 Pico 走的步数。

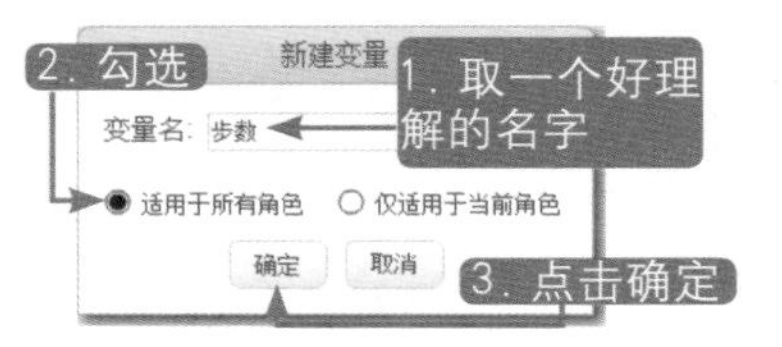

05 在 Pico 每次行走的时候，加上变量“步数”记录下 Pico 行走的步数。

这样每一步都记得很清楚了，哪怕 Pico 一次走 10 步，也逃不过变量的记录。

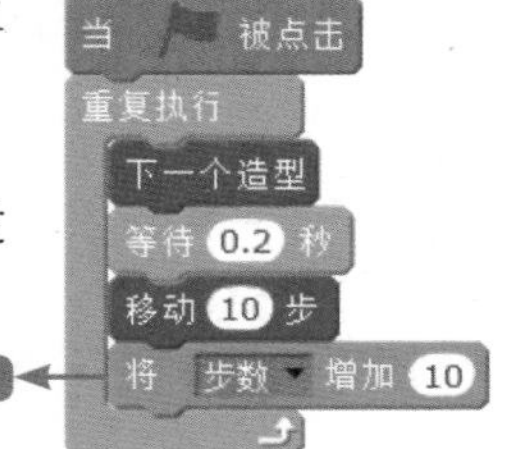

06 点击 显示变量 步数，在舞台区可以查看 步数 60。

07 每次计算步数的时候要从 0 开始计算。

08 打开“文件”，选择“保存”选项，保存项目，叫作“计算步数”。

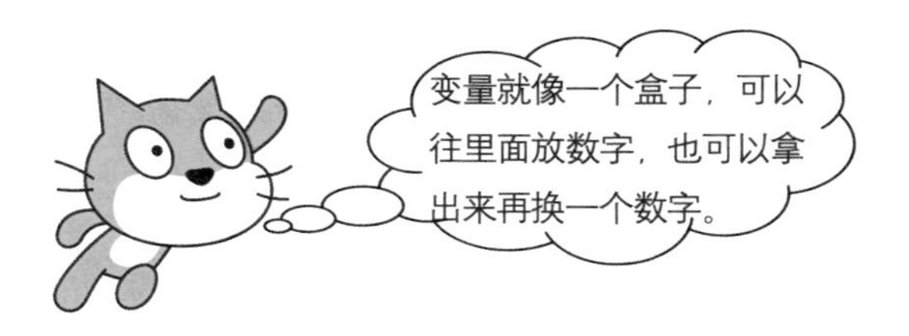

 6.2 考试成绩的记录（链表）

老师报了10个同学的成绩给猫猫侠记下来，但猫猫侠这脑子可不够使的，还好有链表。

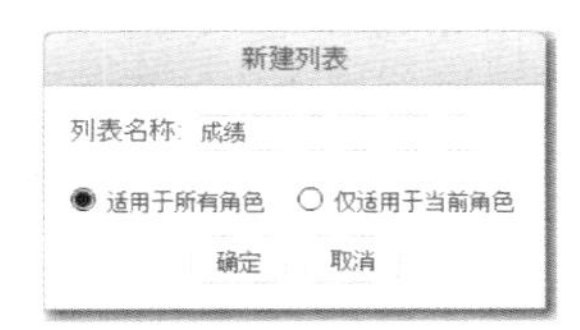

01 新建项目，点击 建立一个列表 创建一个新链表。

02 给链表取一个名字，让我们知道它记录的是什么，就取名叫作“成绩”，这个好记。

03 让链表显示在舞台中，这样我们知道添加了哪些成绩，开始录入吧 显示列表 成绩。

04 10个成绩分别是98、95、93、69、85、74、63、56、73、100。

使用 将 thing 加到 成绩 依次输入成绩，录入一个成绩点击一次程序块。

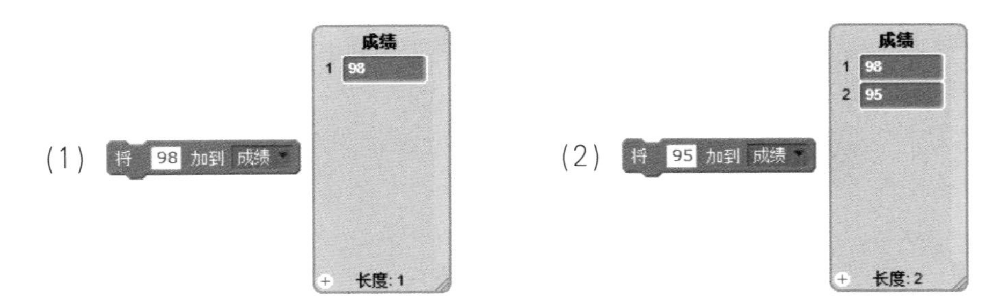

(3) 你也可以一步到位。

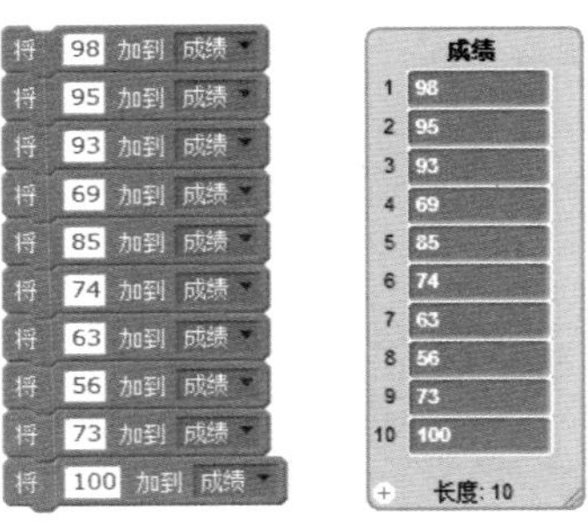

05 老师告诉猫猫侠，原来一共有11个小朋友，这个小朋友的成绩是80分，他在成绩表的第二行，老师忘记说了，现在要添加到里面。

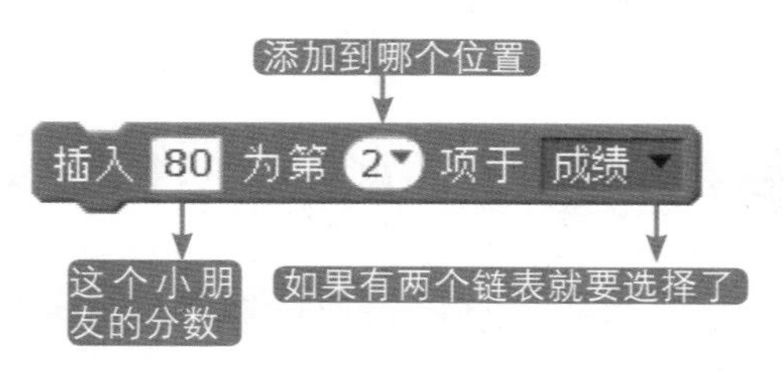

06 老师又发现，最后那个100分的成绩是批改错误，应该是99。

替换第 末尾 项于 成绩 为 99

07 最后检查一下，看是不是一共录入了11个小朋友的成绩。

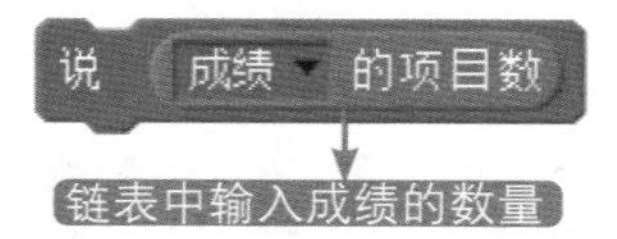

08 保存好记录成绩表的项目，万一哪天你也遇到了这个糊涂老师就麻烦啦。

第7章 应对变化

（事件模块）

以不变应万变是武术的最高境界。在编程世界中，我们需要对不同的情况做出不同的对应。学会了编程世界中的应对之法，就可以独自去闯荡了。猫猫侠已经迫不及待地跑进练功房了。

7.1 调动一切的小绿旗（当小绿旗被点击）

🏴和「当🏴被点击」是好兄弟，做什么都是一起的。

只要角色的程序块上拼接了「当🏴被点击」，🏴就能号令所有的角色。

01 新建项目，打开“从角色库中选取角色”，按住Shift键依次选中“Bat2”“Dragon”，点击“确定”按钮添加进来。

分别将小猫咪和新建的两个角色重命名为“猫猫侠”“恐龙”“蝙蝠”。

（1）点击进入角色详情。

（2）找到角色名输入框，修改角色名称。

（3）再点击小箭头，回到角色列表。

按住键盘的 Shift 键可以一次从角色库中选择多个角色。

02 点击“从背景库中选择背景”，添加背景“woods”，重命名为“森林”。

03 让猫猫侠在森林中到处乱窜。

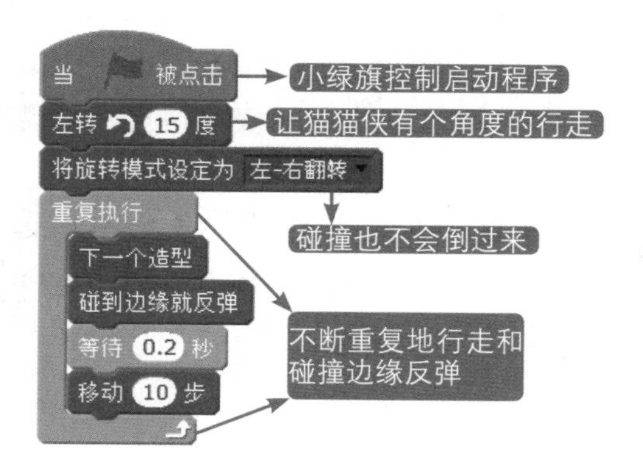

04 复制相同程序到蝙蝠和恐龙，这样蝙蝠和恐龙也一起开始乱窜了。

05 点击小绿旗，启动所有角色的程序，它们一起乱窜。

7.2 遥控它们（当按下按键）

继续上一个项目的创作。

01 通过键盘的 a、b 按键来控制猫猫侠隐身和显示。

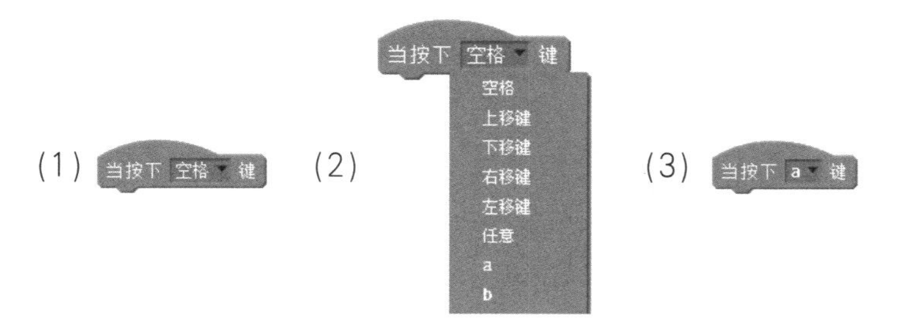

按下键盘上的 a 键，小猫咪隐藏。

按下键盘上的 b 键，小猫咪显示。

02 通过键盘上、下、左、右按键来控制蝙蝠飞行。

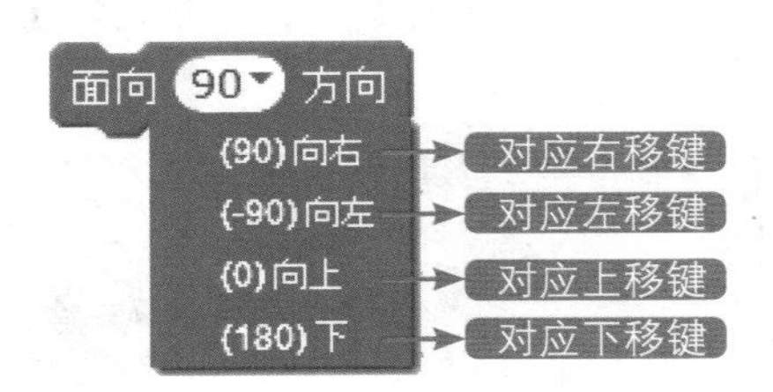

03 改变飞行方向后，再移动。

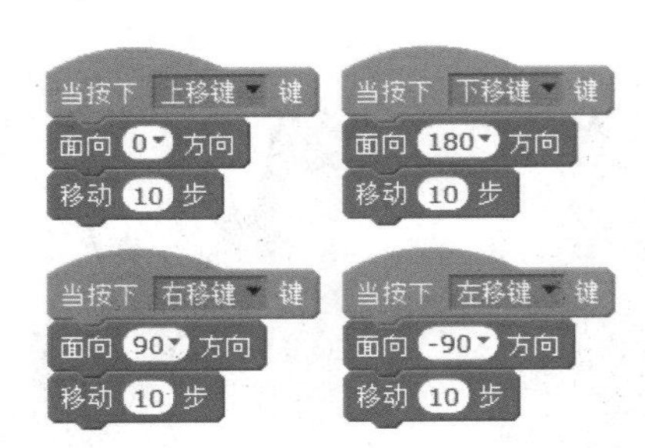

04 保存项目，叫作“森林的乱窜”。

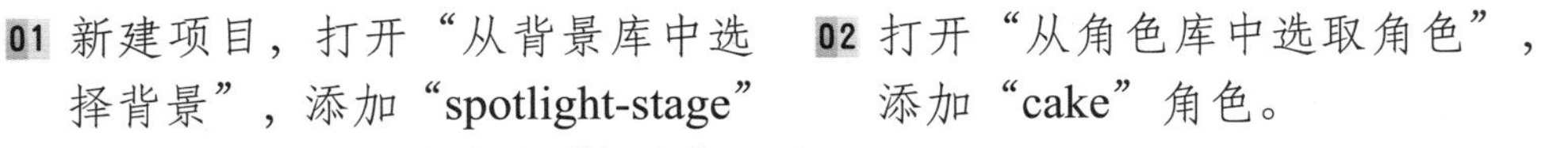

7.3 点燃蛋糕的蜡烛（当角色被点击）

猫猫侠生日到了，我们在舞台上给猫猫侠摆上了一个大蛋糕。

01 新建项目，打开“从背景库中选择背景”，添加“spotlight-stage”到舞台背景，重命名为“舞台”。

02 打开“从角色库中选取角色”，添加“cake”角色。

03 把蛋糕摆放到舞台中央。

04 选择蛋糕角色，点击造型标签，蛋糕有蜡烛点燃和熄灭两个造型。

05 点击小绿旗开始，蛋糕造型切换成熄灭状态。

06 点击蛋糕，蜡烛点燃。

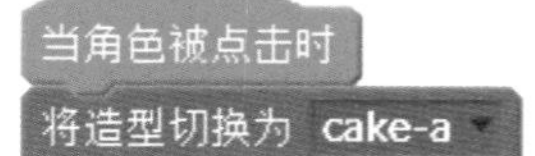

07 按空格键，蜡烛的焰火闪动着。

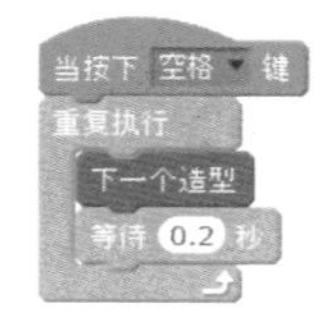

08 来点音乐，让生日会更有感觉。

当角色被点击时
将造型切换为 cake-a

09 保存项目，叫作“生日快乐”。

 7.4 变幻球（当背景切换到）

01 新建一个项目，打开“从背景库中选择背景”，添加背景“basketball-court1-a”和“goal1”到舞台背景，重命名为“篮球场”和“足球场”。

点击进入，找到场地背景

02 删除空白背景。

03 打开“从角色库中选取角色”，添加“basketball”角色，修改角色名字叫作“变幻球”。

04 打开“从造型库中选取造型”，添加“ball-soccer”造型，修改造型名为“篮球”和“足球”。

05 两个造型都是运动的球类，如果造型库中不好寻找，可以试试分类查找。

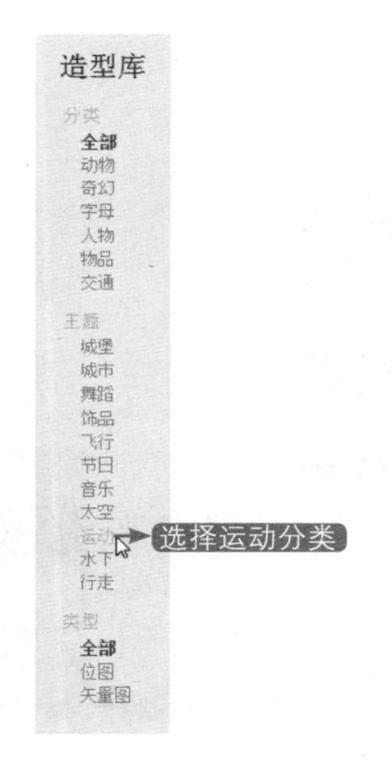

06 下面看看“变幻球”是怎么跟随背景变化的，在篮球场上变成篮球，在足球场上变成足球。给“变幻球”编写这段程序代码。

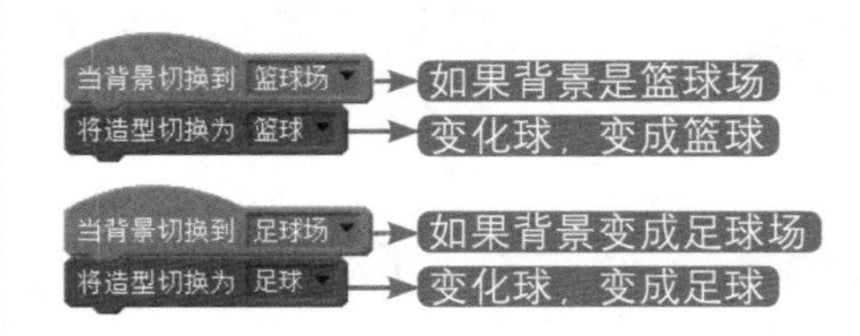

07 接下来，通过各种按键来控制背景的变化。

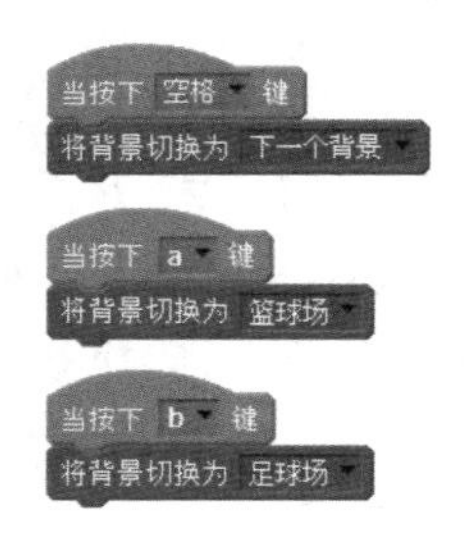

7.5 外界控制（响度、计时器、视频移动）

我们先来个鼓掌射球，继续上一个作品。

01 切换到足球场背景，将足球移动到左边舞台边缘。

02 给足球编写下面的代码。

03 勾选响度，它会将声音的大小传递过来。这是一个0~100的数字。

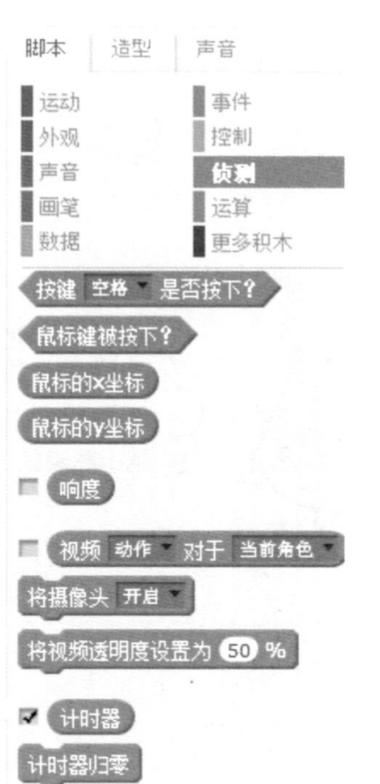

04 确保电脑的声音是打开的，台式机记得用麦克风哟。我们开始鼓掌吧，可以看到足球滚动着进了球门。

05 我们再来探索一下倒三角下面的其他两个选项吧。

用头射球

（1）打开摄像头。

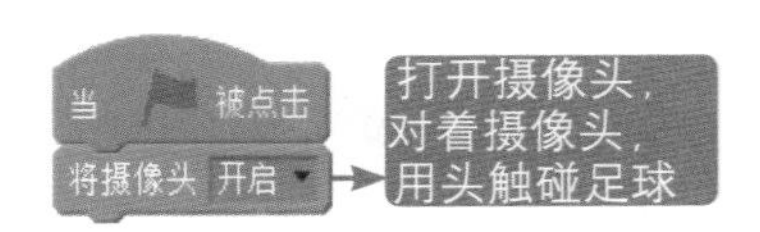

（2）视频控制，将响度改成视频移动。

（3）游戏结束后，记得关闭摄像头将摄像头 关闭。

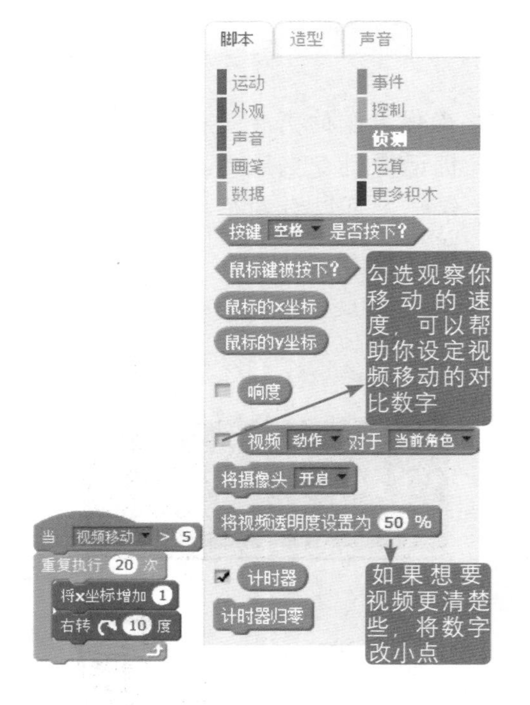

计时器

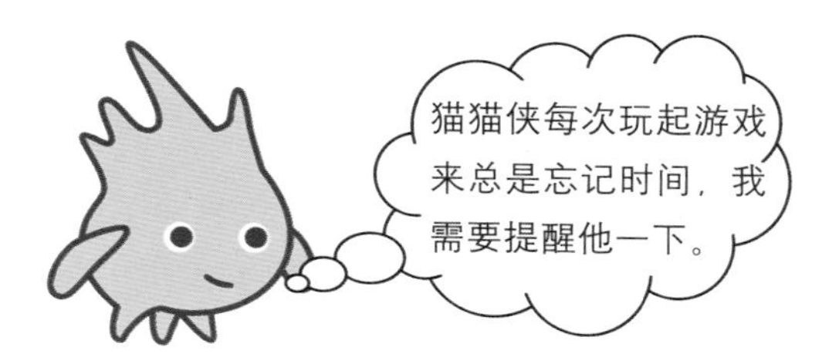

（1）打开“从角色库中选取角色”，添加“Gobo”角色。

（2）给 Gobo 编写游戏防沉迷代码。

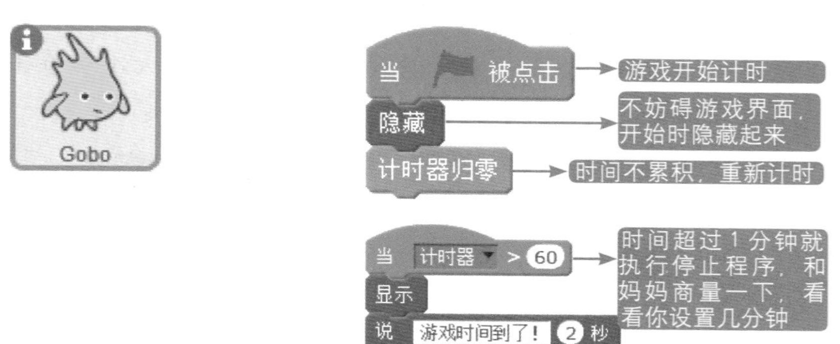

计时器归零和停止 全部哪里找，这里找。

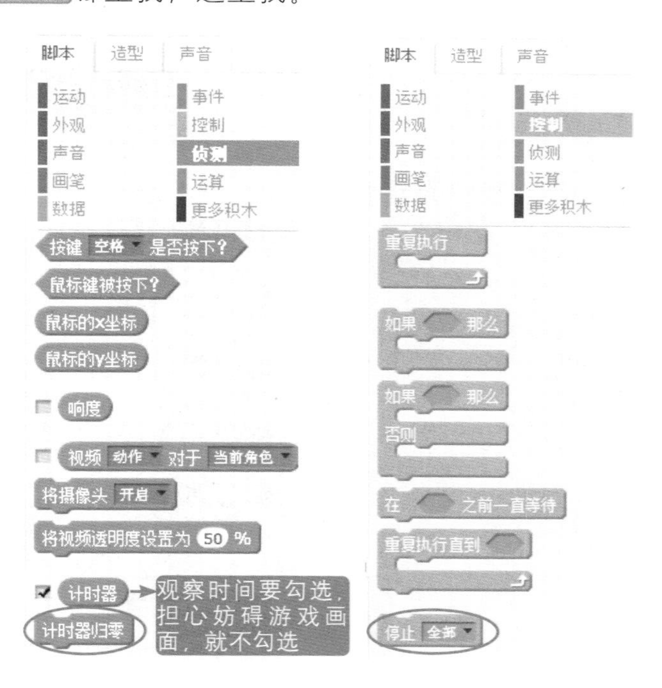

设置的时间一到，Gobo 就会跳出来提醒，游戏时间到。

7.6 听从裁判的指令（消息）

猫猫侠和小狗比赛跑步，并邀请了 Giga 来做裁判。

01 新建一个项目，打开“从背景库中选择背景”，添加背景“track”到舞台背景，重命名为“赛道”。

02 打开“从角色库中选取角色”，添加“Giga walk”“Dog2”角色，将小猫咪和新建的两个角色重命名为“猫猫侠”“裁判”“小狗”。

03 调节角色大小，给 3 个角色编写代码，将它们缩小一半。

04 裁判移动到赛道外，猫猫侠和小狗移动到靠着白线，通过坐标设定它们各自的起始位置。

猫猫侠、小狗、裁判的开始位置都不相同。

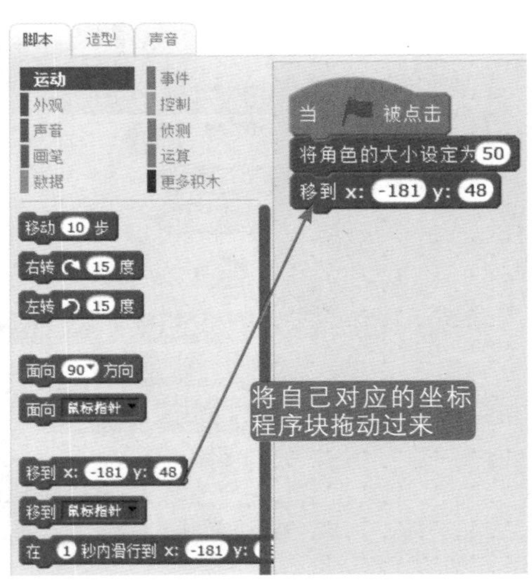

05 编写裁判程序。

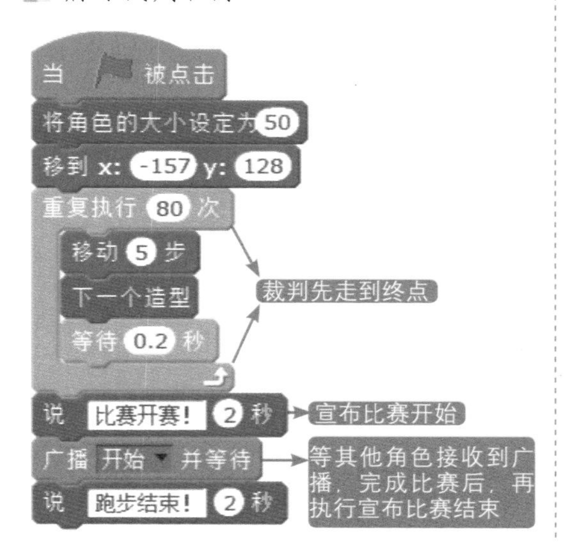

06 如果是［广播 开始］，游戏开始就会被宣布结束，你换换试试。

07 猫猫侠、小狗跑步的程序。

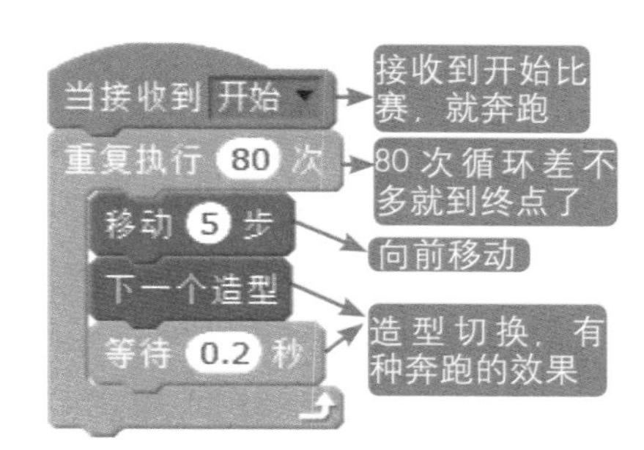

08 保存项目，叫作“赛跑小游戏”。

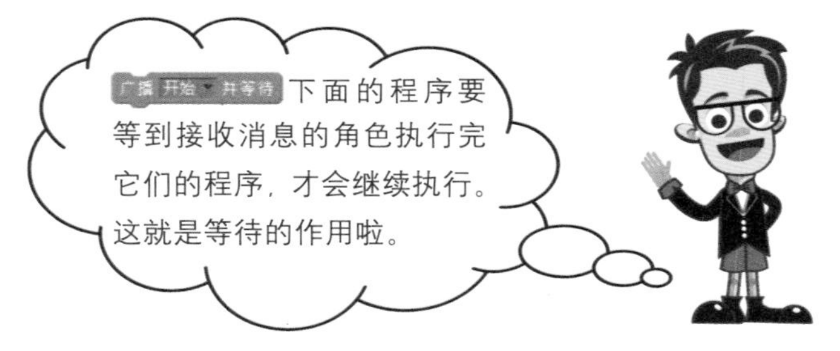

等 待

裁 判

当 被点击
将角色的大小设定为 50
移到 x: -157 y: 128
重复执行 80 次
移动 5 步
下一个造型
等待 0.2 秒
说 比赛开赛！ 2 秒
广播 开始 并等待
说 跑步结束！ 2 秒

1. 裁判宣布开始，小猫开始奔跑

小 猫

当接收到 开始
重复执行 80 次
移动 5 步
下一个造型
等待 0.2 秒

2. 小猫奔跑程序执行完

3. 宣布比赛结束

没有了等待

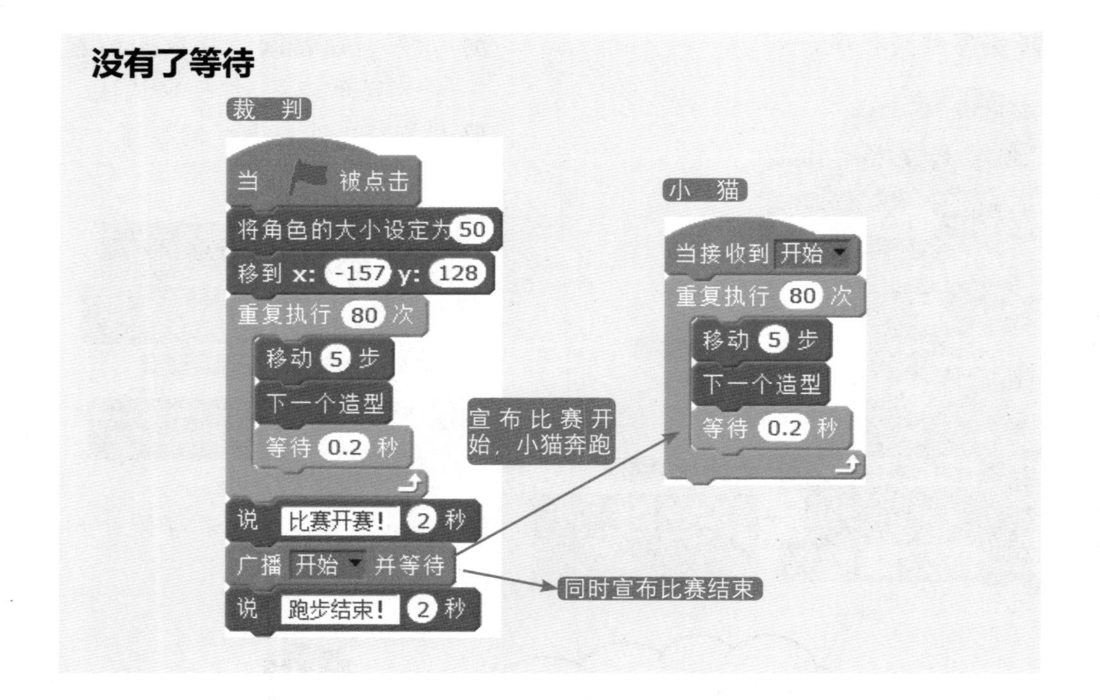
裁 判
当 被点击
将角色的大小设定为 50
移到 x: -157 y: 128
重复执行 80 次
移动 5 步
下一个造型
等待 0.2 秒
说 比赛开赛! 2 秒
广播 开始 并等待
说 跑步结束! 2 秒
宣布比赛开始，小猫奔跑
同时宣布比赛结束
小 猫
当接收到 开始
重复执行 80 次
移动 5 步
下一个造型
等待 0.2 秒

第8章 操作一切的力量

（控制模块）

8.1 红灯必须等待（等待）

01 打开Scratch软件，新建一个项目。打开“从背景库中选择背景”，添加背景“urban2”到舞台背景，重命名为“城镇”。

02 点击“绘制新角色”，来制作一个红绿灯吧。

新建角色：

绘制新角色

03 在画板中选择矢量模式，画一个可以放大缩小、不会模糊的矢量图。

转换成矢量编辑模式

04 选择矩形工具，画一个实心的长方形，作为红绿灯的灯框。

05 选择椭圆工具，按住键盘上的Shift键，选择比灯框浅一点的灰色，画一个实心的圆形作为圆灯。

06 有红灯、黄灯、绿灯3个灯，接下来为了让3个灯大小一样，我们复制出其他两个灯。

选择复制的圆形，出现一个边框就说明选中了。

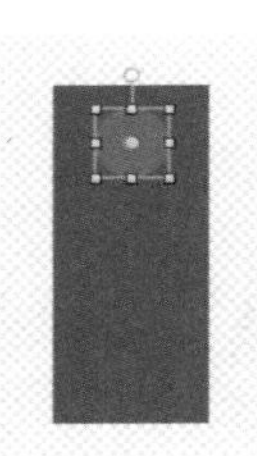

07 使用Ctrl+C复制，再使用Ctrl+V粘贴就可以了。

当然，还可以使用复制工具移动到圆形上。

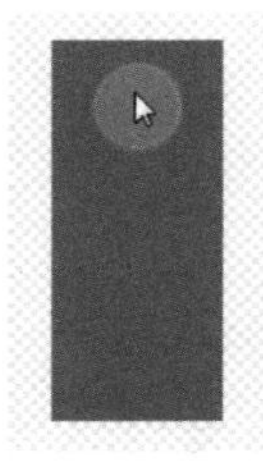

选中后，图像外面有蓝色光圈。

在圆形上点击一下，就会成功复制一个圆形。

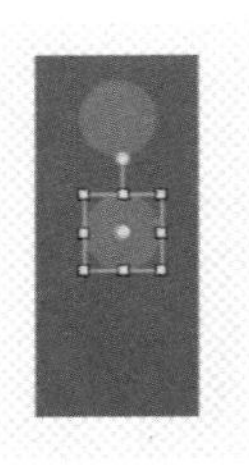

08 拖动圆形到适当的位置，再复制一个。

09 将这个造型复制3个，分别重命名为“红灯”“黄灯”“绿灯”“没灯”。

然后使用填充工具给造型分别填充对应的颜色。

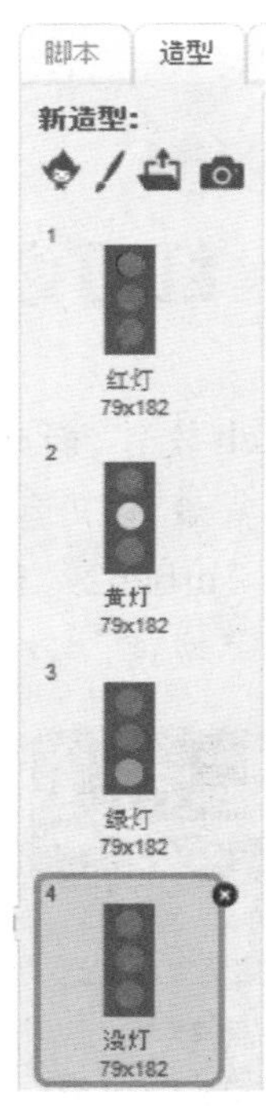

10 将角色名改成“红绿灯”，将“角色1”改成“猫猫侠”。

11 开始编写红绿灯的代码。

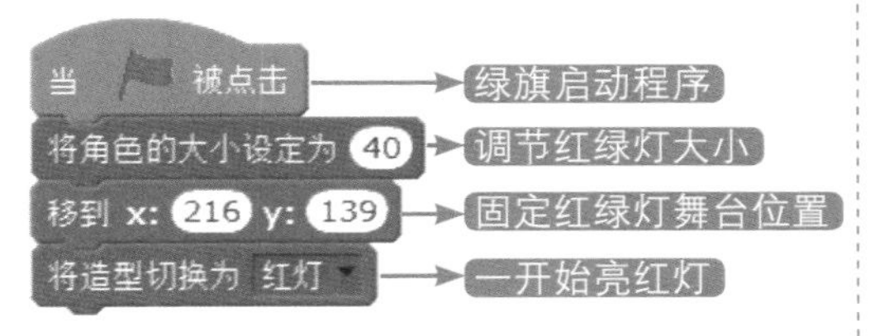

12 红灯等待一会儿就会变成黄灯，黄灯闪烁 3 次变成绿灯，就可以过马路了。

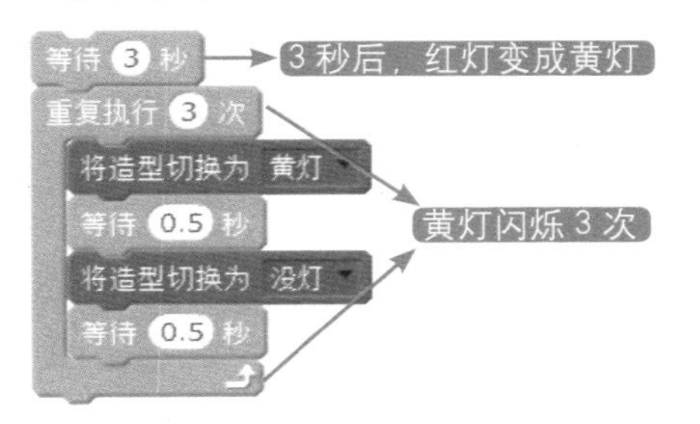

13 黄灯闪烁后，红绿灯变成绿灯，并且告诉猫猫侠可以通过了，两个角色中间的信息传递通过广播来完成，等猫猫侠过了马路，红绿灯变成红灯。

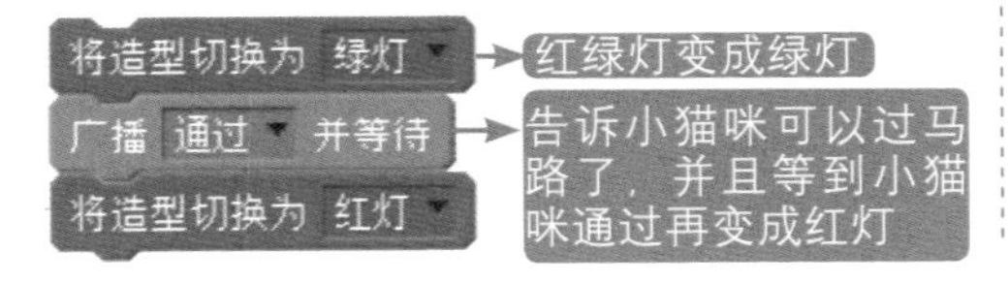

14 将猫猫侠移动到斑马线一边，城镇背景看上去斑马线的方向是指向红绿灯的，并不是垂直的，所以小猫咪也要沿着这斜斜的斑马线过马路。

同样，先编写猫猫侠初始的程序代码。

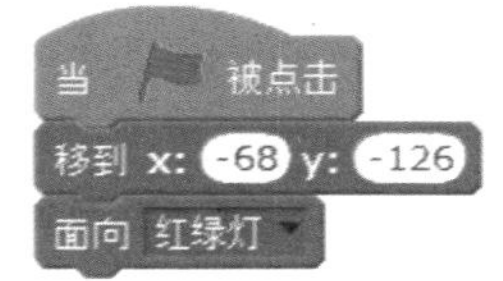

15 猫猫侠接收红绿灯消息后，走过马路。

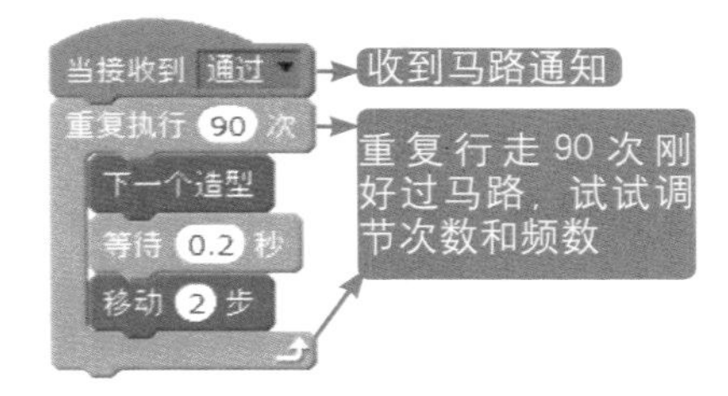

16 保存项目，猫猫侠过马路。

8.2 小蝴蝶找妈妈

（如果……那么和如果……那么……否则）

小蝴蝶出生了，飞呀飞呀，都没有看到妈妈，它想要去找妈妈。

小蝴蝶在找妈妈的路上遇到了猫猫侠和甲虫叔叔。

01 新建项目，打开“从角色库中选取角色”，添加“butterfly1”“beetle”“butterfly2”角色，重命名3个角色叫作“小蝴蝶”“甲虫”“蝴蝶妈妈”。

02 小蝴蝶从舞台区的左下角开始出发去寻找妈妈，一路上一边飞一边说着“你是我妈妈吗，我妈妈在哪里？”。

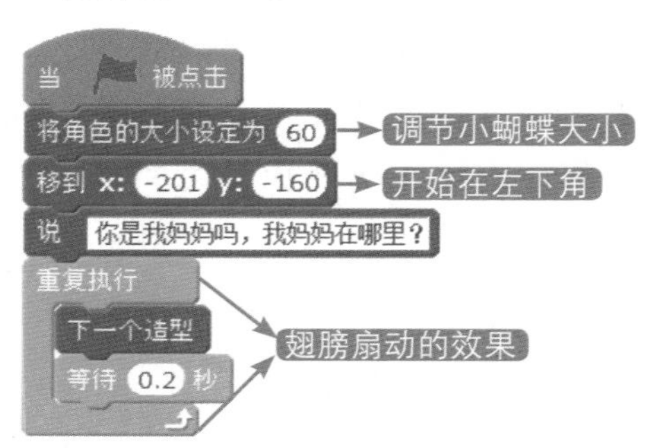

03 小蝴蝶一路上遇到了猫猫侠、甲虫、蝴蝶妈妈。通过移动让小蝴蝶分时间段移动到3个角色的位置。分别将小蝴蝶移动到3个角色前，获取坐标位置。

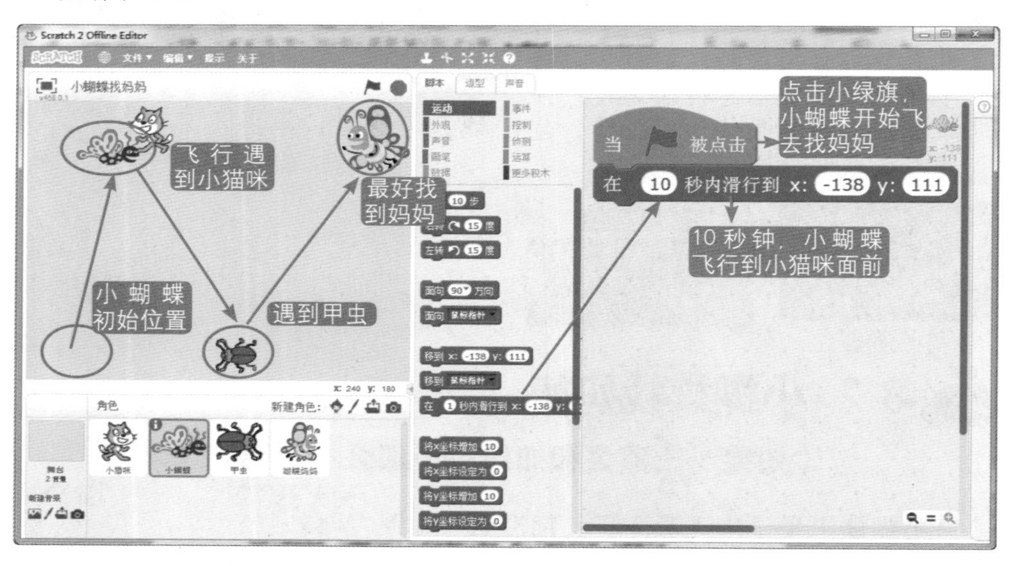

3个角色前的位置坐标：

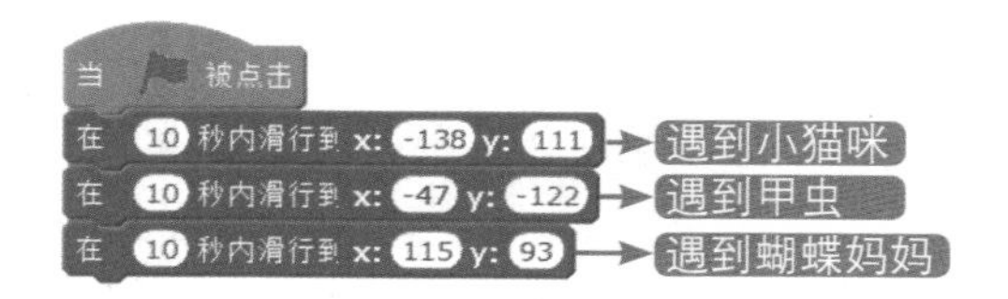

04 选择猫猫侠角色，小蝴蝶飞行了 10 秒钟遇到小猫咪，那么小猫咪说的第一句是不是要在 10 秒后才说呢？等待 10 秒说出第一句话。

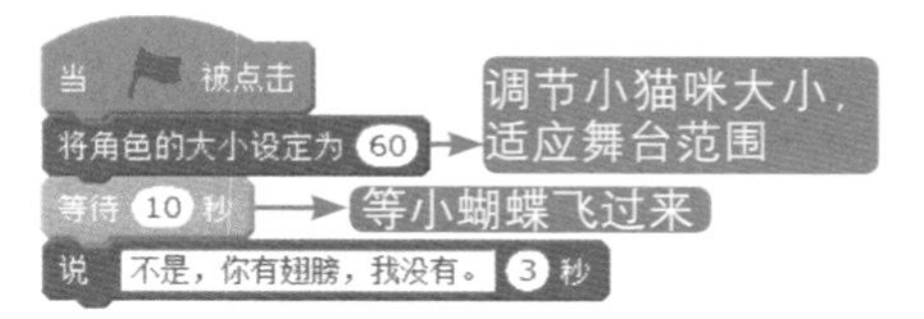

05 遇到甲虫，选择甲虫角色，编写甲虫的对话。

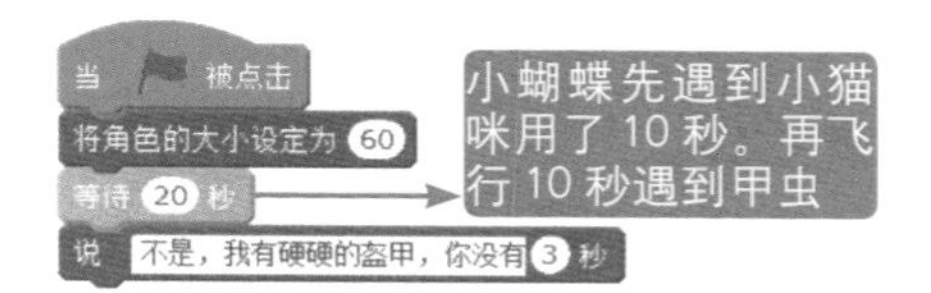

06 终于遇到蝴蝶妈妈了，选择蝴蝶妈妈角色，编写与蝴蝶妈妈的对话。

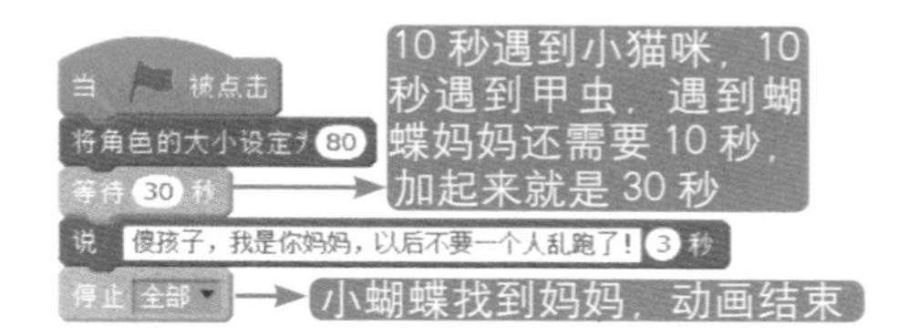

8.3 听话的狗狗（在……之前一直等待）

你家的狗狗有那么听话吗？这里的狗狗规定时间到了才会走去吃饭呢。

01 新建项目，删除猫猫侠，打开“从角色库中选取角色”，添加“Dog2”“cheesy-puffs”角色，重命名 2 个角色叫作“小狗”“狗食”。

02 打开“从背景库中选择背景”，添加背景“doily”到舞台背景，重命名为“地毯”。

03 将狗狗和狗食拖动到舞台的两端。

04 给狗狗编写代码，当时间到了狗狗就吃饭。

05 保存项目叫作“听话的狗狗”。

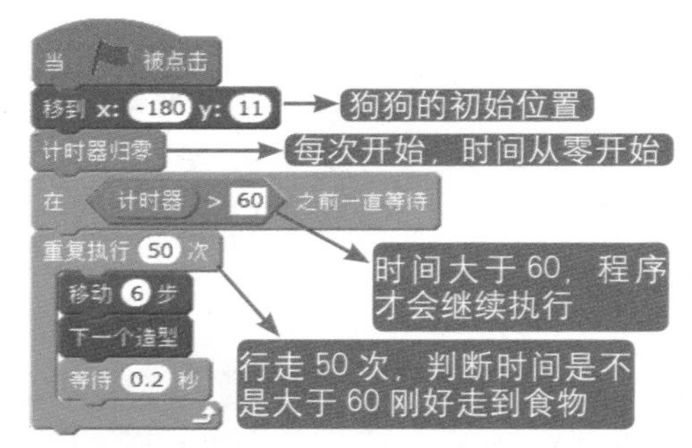

找到大于号：

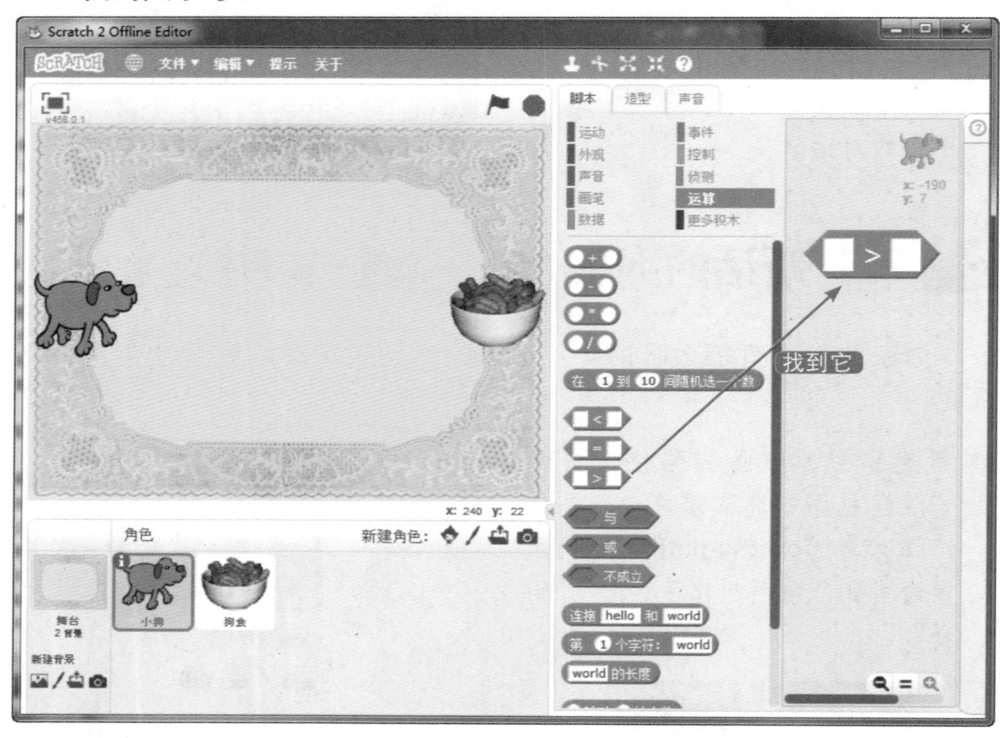

大于号用于比较左右两边的大小。左边大于右边说明成立，就像计时器是 61，那么大于 60，说明大于号成立，也就是真（true）。左边小于右边说明不成立，就像计时器是 60 或 40，那么不大于 60，说明大于号不成立，也就是假（false）。

这类形状的程序块都是用来判断真假的。就像大于号一样，后面还有很多这类程序块。

在 之前一直等待 就需要配合这类程序块的判断来执行。

如果判断是真，程序块往下执行程序。

如果判断是假，程序块不执行。

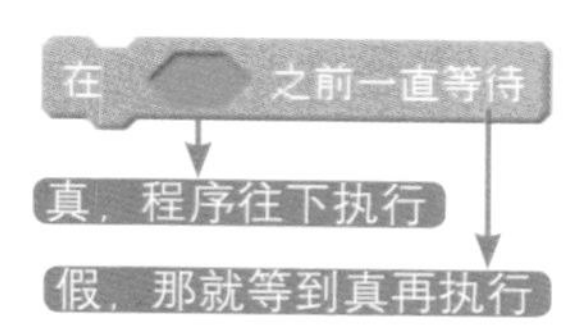

 8.4 Pico 识别颜色（如果……那么……否则）

看看 Pico 是怎么识别颜色的。

01 新建一个项目，删除猫猫侠，添加“Pico walking”角色。

02 用画笔添加一个长方形颜色块。

03 再复制出 3 个颜色方块角色，分别将颜色块重命名为“红色”“蓝色”“橘黄色”“绿色”。使用填充工具，选择实心填充，按照演示图片排好颜色块的位置。

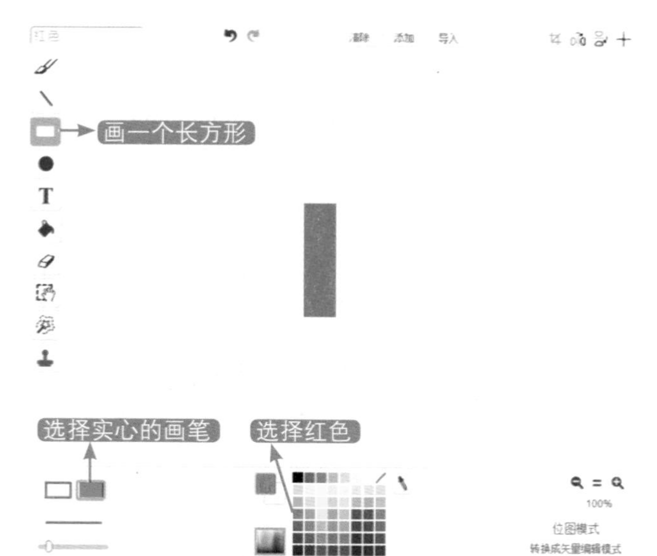

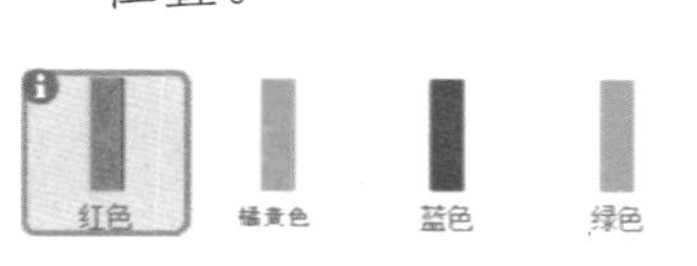

04 编写碰到颜色检测脚本，检测不能停止，必须不断地进行。

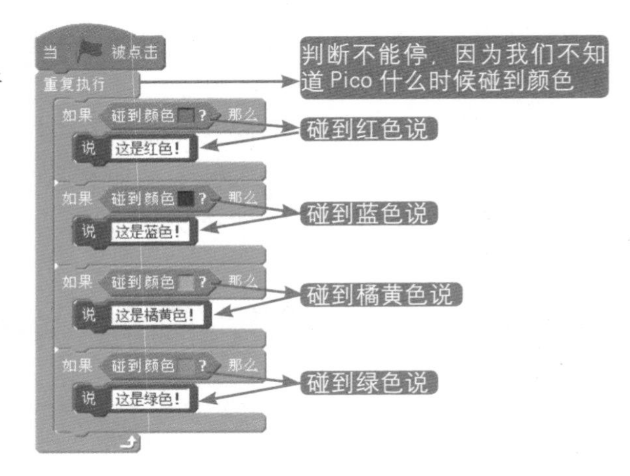

找到碰到颜色：

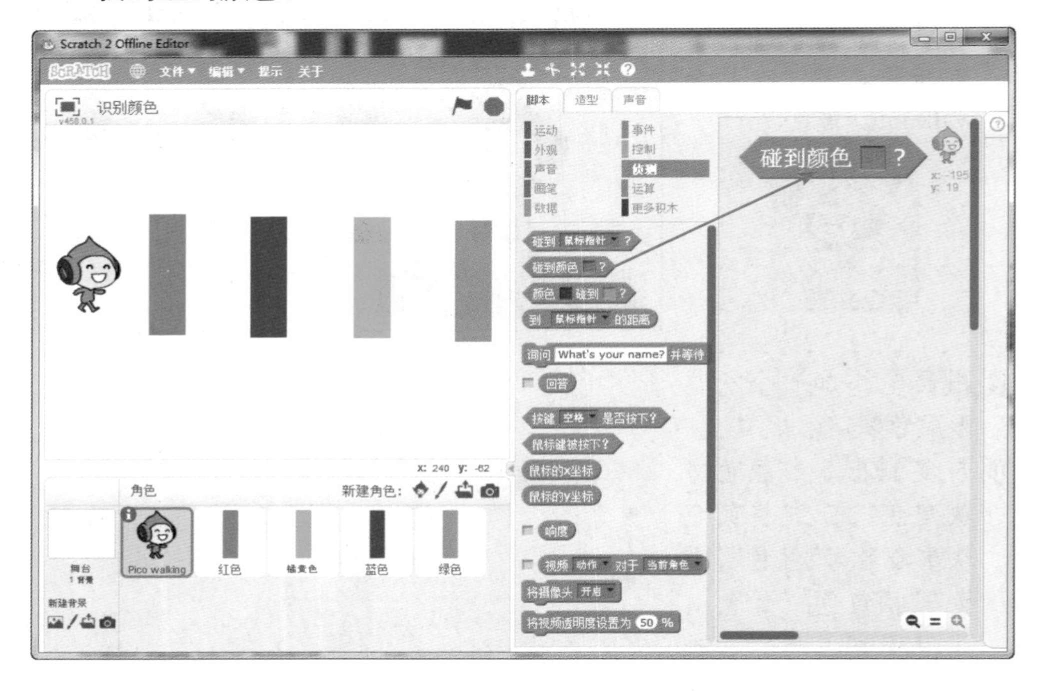

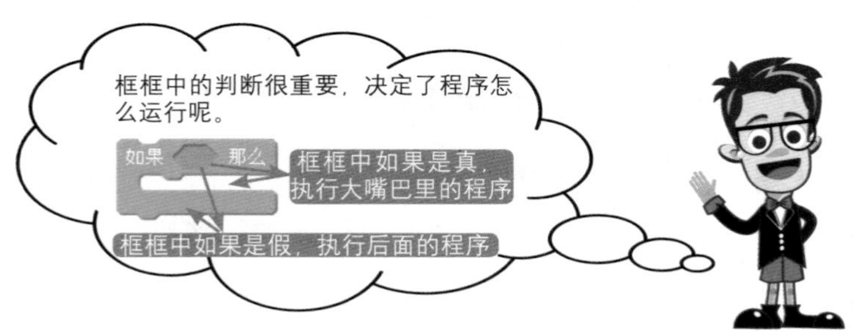

05 Pico还没行走呢，怎么碰到颜色块，快来给Pico添加行走的程序块。

当 被点击
移到 x: -194 y: 21
将角色的大小设定为 60
重复执行
移动 3 步
下一个造型
等待 0.2 秒

06 结果Pico走到舞台边缘就停止了，如何让Pico可以不断地重复行走呢？让Pico碰到边缘就回到起点，没碰到边缘的时候就不停脚步，向前行走。

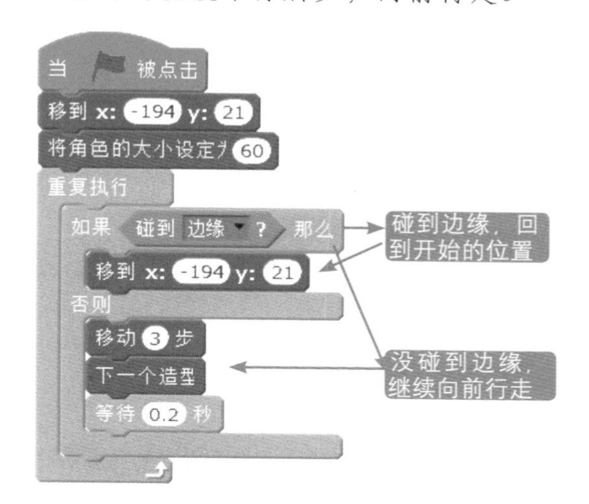

找到碰到边缘：

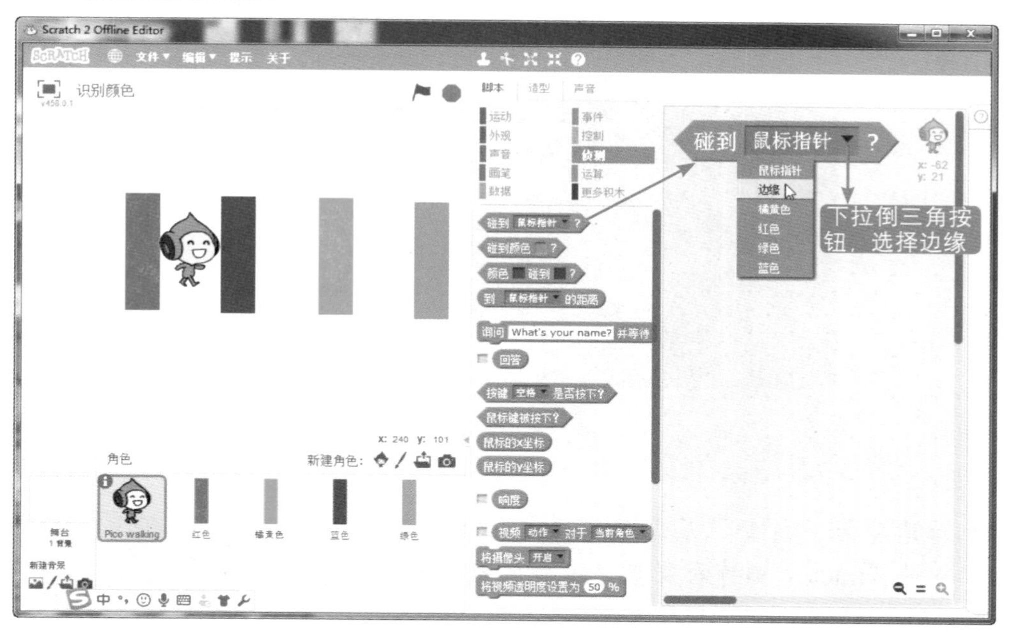

07 但这样，当 Pico 碰到边缘回到起点的时候，仍然说着“这是绿色！”

我们需要处理一下，当 Pico 碰到边缘后，说空话，不然它会一直说上一次碰到的颜色。

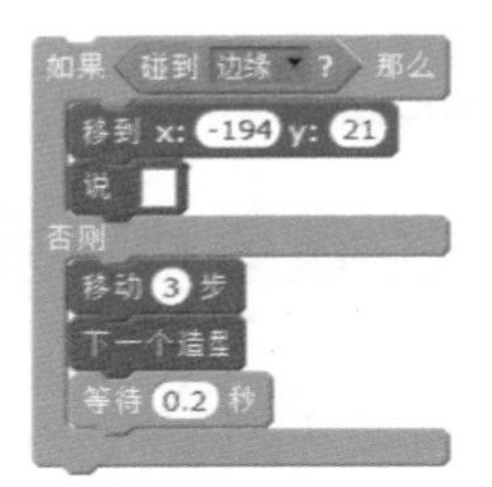

08 保存项目叫作“识别颜色的 Pico”。

这里会有一个大 Bug，一定要留意哟。如果你感觉程序都写对了，但是 Pico 不行走，那么说明 Pico 在起始位置就碰到了边缘，然后一直重复回到起点，所以就感觉没有行走。

8.5 猫猫侠拼命赛跑（重复执行直到）

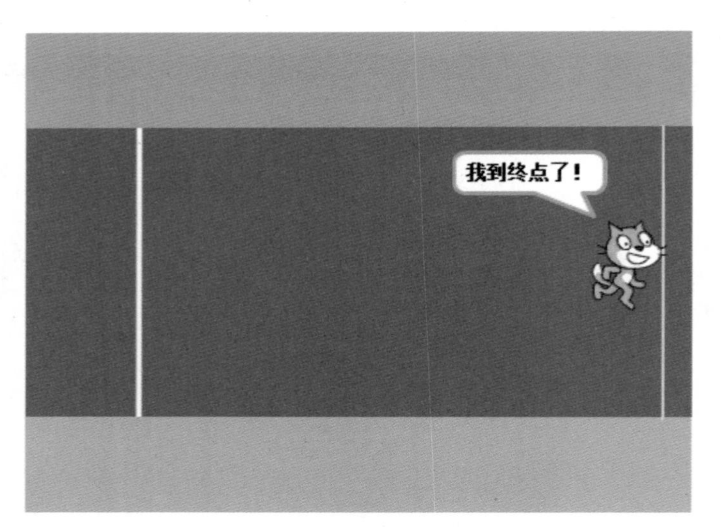

01 新建项目，打开“从背景库中选择背景”，添加背景“track”到舞台背景，重命名为“赛道”。

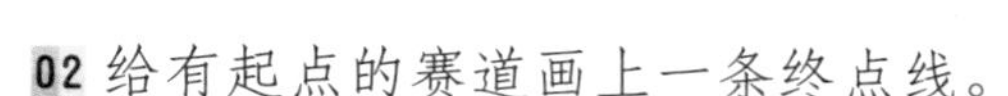

02 给有起点的赛道画上一条终点线。

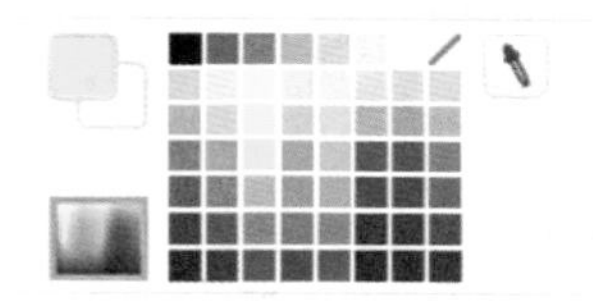

矢量图模式
转换成位图编辑模式

03 选择猫猫侠角色，编写程序，设定猫猫侠初始的位置。

04 碰到黄色终点线，说“我到终点啦！”。

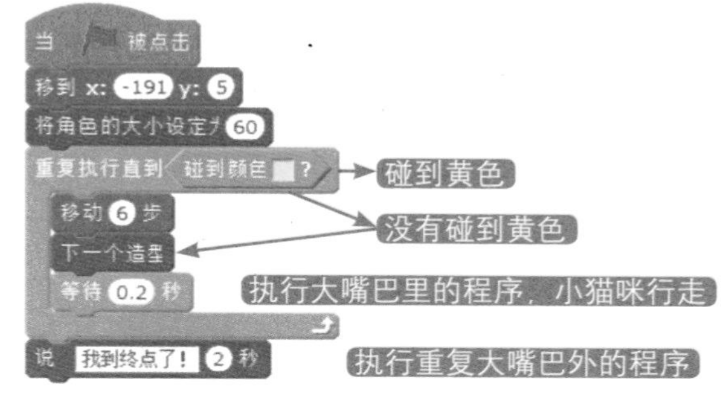

8.6 1、2、3，木头人，不准说话，不准动

（停止全部）

01 新建项目，用画笔新建一个木头人角色。

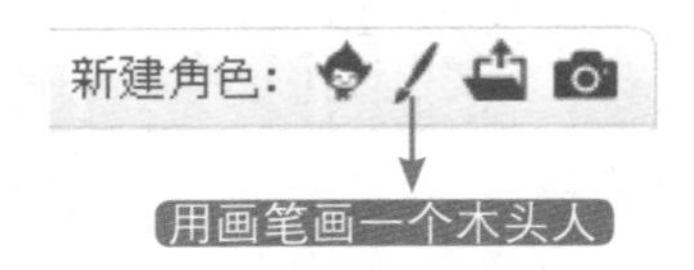

02 按住 Shift 画一个圆圆的木头人的头，用来画木头人的身体和手脚。

03 编写木头人举手的动作，并说“我是木头人不准说话不准动”。

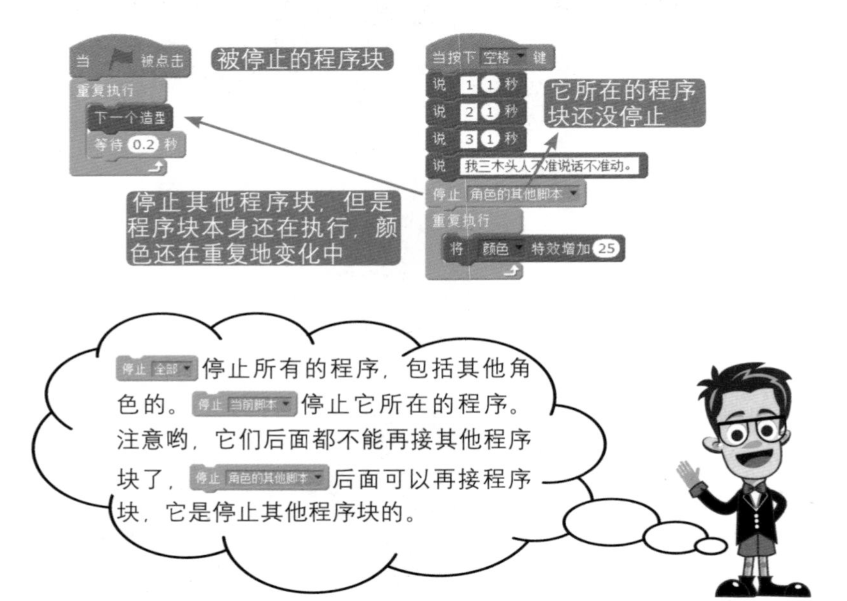

停止 全部 停止所有的程序，包括其他角色的。停止 当前脚本 停止它所在的程序。注意哟，它们后面都不能再接其他程序块了，停止 角色的其他脚本 后面可以再接程序块，它是停止其他程序块的。

8.7 黑科技 - 克隆

（克隆，当克隆体启动时，删除克隆体）

在充满恐怖气息的森林里，Pico 需要躲避幽灵和魔鬼，收集彩色星星。

01 新建项目，打开“从背景库中选择背景”，添加背景“woods”到舞台背景，重命名为“森林”。

02 删除猫猫侠角色，添加“star1”“Pico walking”“Ghoul”“Ghost2”角色，并且重命名为“星星”“Pico”“魔鬼”“幽灵”。

03 现在编写 Pico 的程序，让它跟随鼠标移动，鼠标到哪它就到哪。

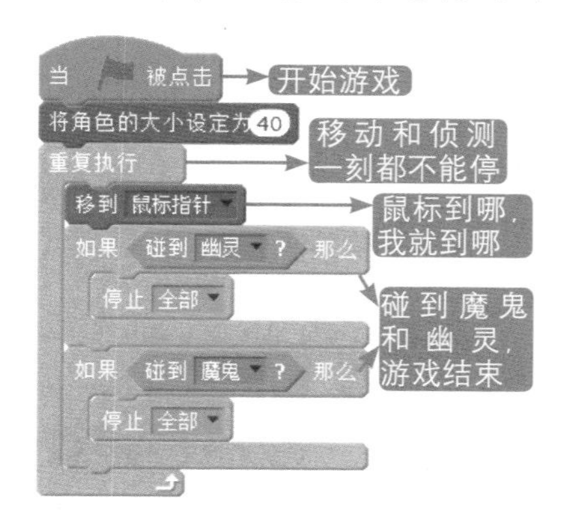

04 魔鬼和幽灵都是一样的，在这恐怖的森林里转悠转悠，还摆出吓人的造型。

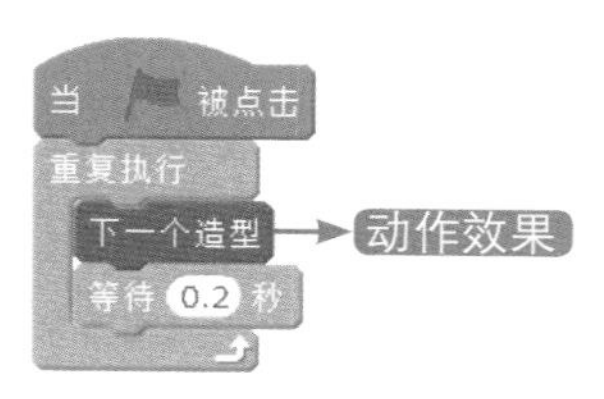

05 魔鬼和幽灵碰到舞台边缘会立刻反方向移动，而且它们的移动是不会停止的，除非你被抓到了，所以一定要躲开它们。

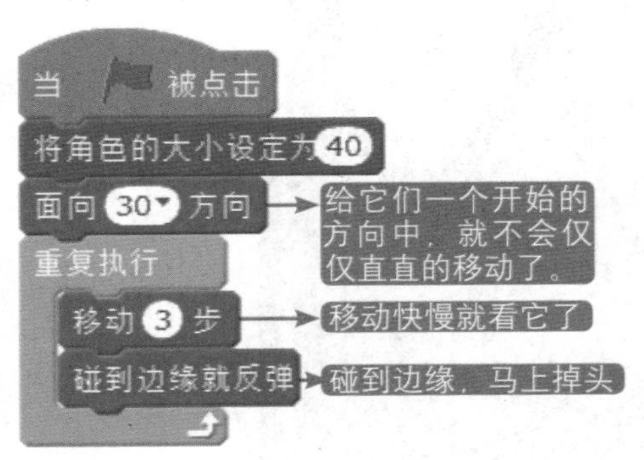

06 给魔鬼和幽灵一个开始移动的方向，不然它们就只会傻傻地按水平线移动。

除了可以选择不同的方向角度外，你还可以输入想要的角度。

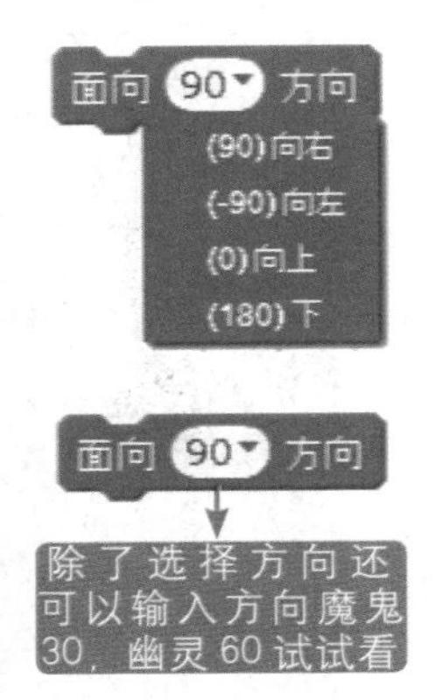

07 接下来就是得分主角星星了，它有着闪烁的颜色，还有着随隐随现的本领，获取一颗星星就可以得一分。星星出现要马上获取，不然过一会儿就消失了。

新建一个记录得分的变量：

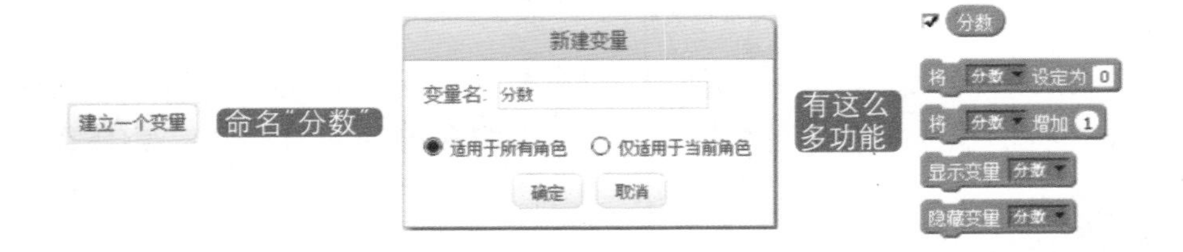

08 游戏开始，分数从零开始。

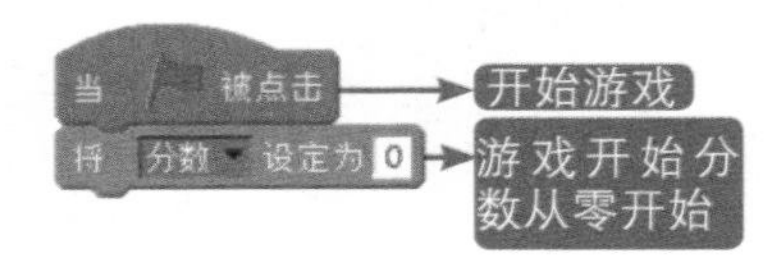

09 多添加几个星星，这次不复制角色了，我们来克隆星星。每一秒钟克隆一个新的星星。

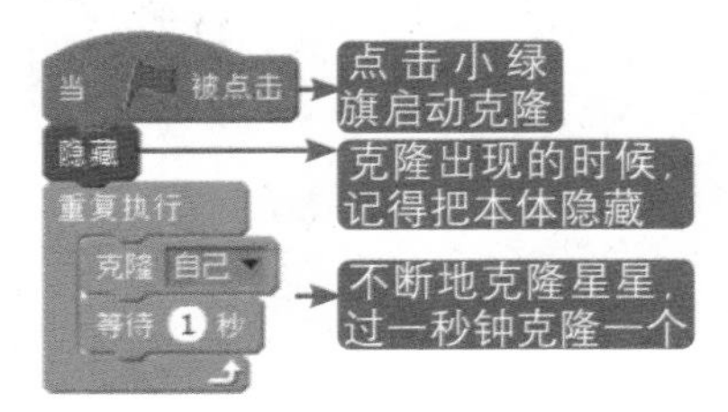

10 如果你想游戏更加困难，也可以过几秒钟克隆一个魔鬼或者幽灵。

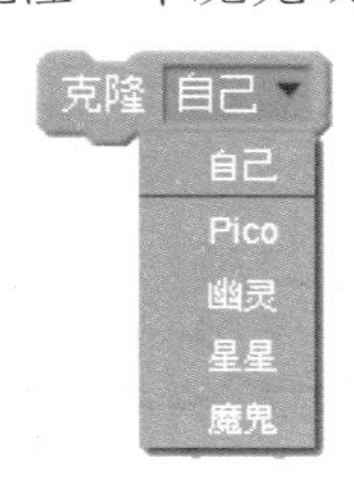

给我们的克隆体赋予生命吧。

第一个问题，克隆体出现的位置在哪里呢？

将克隆体出现的位置限定在舞台可视范围内，通过坐标值的移动来完成。

舞台的宽度为 480，高度为 360。

为了让星星能够在舞台中全部显示，将范围缩小一点点，在红色框中。

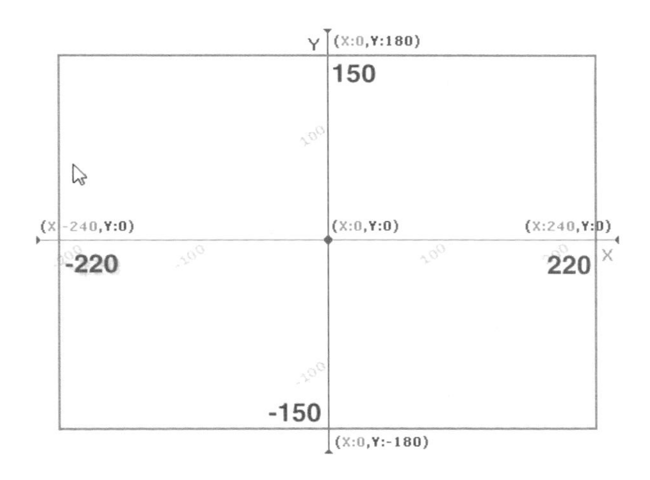

只要 x 坐标值在 −220 到 220 之间，y 坐标值在 −150 到 150 之间，就可以使得星星在这个范围。

星星出现在舞台任意位置，出现前，我们都不知道它的位置，这里需要使用随机数。

x 坐标值 在 -220 到 220 间随机选一个数，在这个范围中的任何一个值都不会超出范围。

y 坐标值 在 -150 到 150 间随机选一个数，在这个范围中的任何一个值都不会超出范围。

将克隆出来的星星移到这个范围内 移到 x: 在 -220 到 220 间随机选一个数 y: 在 -150 到 150 间随机选一个数 。

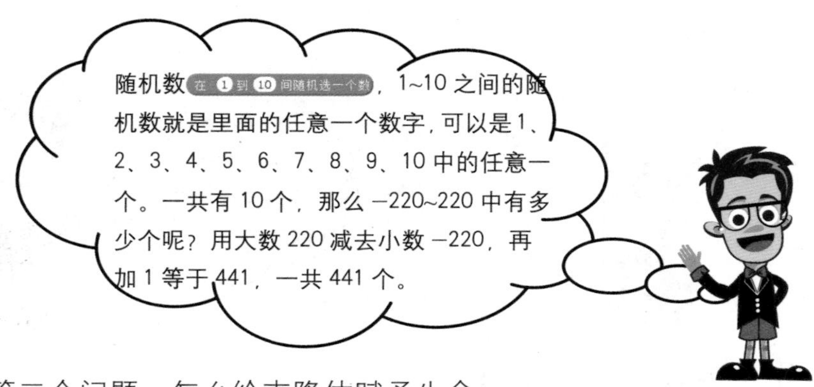

第二个问题，怎么给克隆体赋予生命？

当作为克隆体启动时 克隆体启动，需要执行的程序就是它的生命力。

本体星星隐藏了，但是克隆体需要显示出来哟。

```
当作为克隆体启动时                    → 给克隆体赋予生命，让克隆体动起来
移到 x: 在 -220 到 220 间随机选一个数 y: 在 -150 到 150 间随机选一个数   → 克隆体出现的位置
显示                                  → 出现
重复执行
    如果 碰到 Pico ? 那么             → 被 Pico 获取得分
        将 分数 增加 1                → 分数增加一
        删除本克隆体                  → 星星被获取，就要消失了
```

在游戏中，我们获取子弹、宝石或者道具，是不是地图上就没有了呢？这里的星星也是一样，被 Pico 获取后就消失了。

删除本克隆体 销毁那个被 Pico 获取的克隆体，其他克隆体不会被删除。

星星可不是那么容易就能获取的，如果你 3 秒钟没有获取到，星星就会自动销毁。

```
当作为克隆体启动时
等待 3 秒
删除本克隆体
```

11 可以给得分的星星增添点颜色。

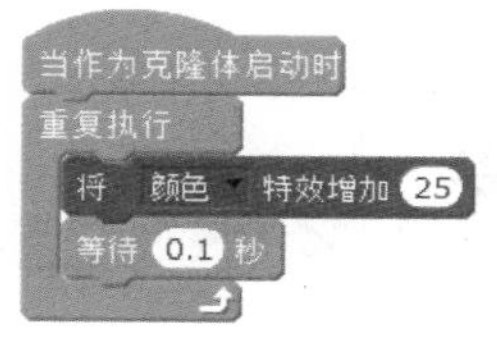

12 保存项目，取个游戏名称叫作“Pico 抢星星”。

侦查超能力

（侦测模块）

侦查士兵都需要一双火眼金睛，希望在这里你也可以练就这样一项超能力。

 9.1 智能小车（侦测距离）

现在是人工智能时代，看看编程世界的小车都是可以自动识别前面距离的，如果现在都是这样的小车，那就不会有交通事故啦。

01 新建项目，打开“从背景库中选择背景”，添加背景“urban2”到舞台背景，重命名为“城镇”。

02 删除猫猫侠角色，添加“Car-Bug”“jaime walking”角色，并且重命名为“小汽车”“小男孩”。

03 将小男孩的初始大小、位置、方向设定好，小男孩从右向左行走。

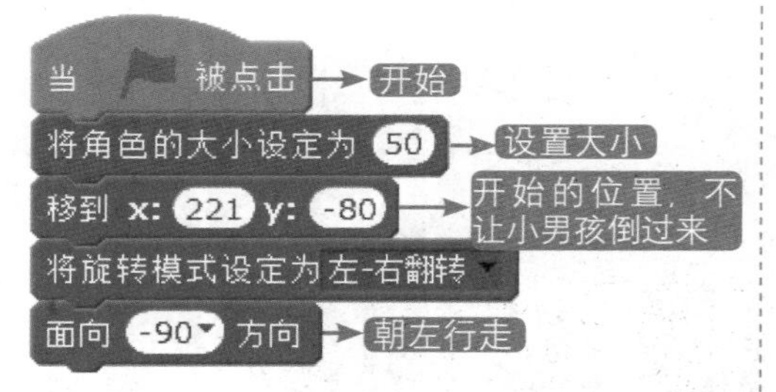

04 让小男孩迈起步子走起来。

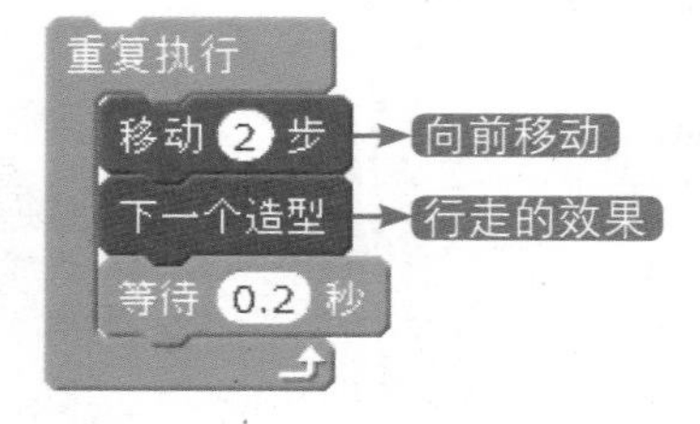

05 小汽车行驶在大马路上，和小男孩的脚步差不多。

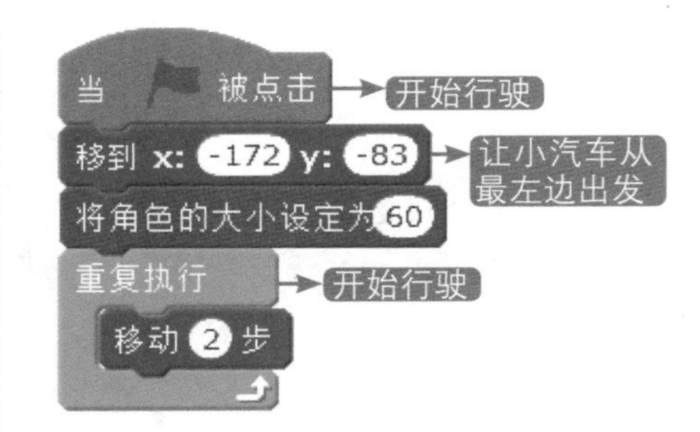

06 但是就在小男孩和小汽车马上要相互碰撞的地方，他们都停了下来。来看看是什么超能力程序块让他们停下来了。

这是小汽车一直行驶的脚本：

我们换一换：

07 小汽车一直开着，就在要碰到小男孩的时候停住了，说明小汽车可以知道小男孩距自己的距离。

08 选择“小男孩”，这个程序块告诉我们小汽车距离男孩的距离。

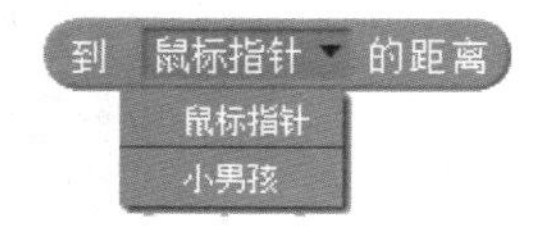

09 但是什么时候停下来呢？使用小于号来判断距离的远近。

到 小男孩 的距离 < 100

10 让小汽车朝小男孩开去，修改一个合适的距离使得汽车不会撞到小男孩。

11 小汽车停下来，小男孩是不是也要停下来呢？给小男孩编写以下脚本。

```
当 [绿旗] 被点击
将角色的大小设定为 50
移到 x: 221 y: -80
将旋转模式设定为左-右翻转
面向 -90 方向
重复执行直到 到 小汽车 的距离 < 100
    移动 2 步
    下一个造型
    等待 0.2 秒
```

9.2 你问我答（询问）

欢迎来到水下你问我答大考场，螃蟹挥动着两把大钳子，给猫猫侠出题，如果答不上来，小心被夹哟。还有只游来游去的章鱼，如果有困难，试试点击它。

01 新建项目，打开“从背景库中选择背景”，添加背景“underwater2”到舞台背景。

02 删除猫猫侠，添加“Octopus”“Crab”角色，并且重命名为“章鱼”“螃蟹”。

03 螃蟹出题，猫猫侠答题，螃蟹一共会出 3 道题，当然你也可以多设置几道题。

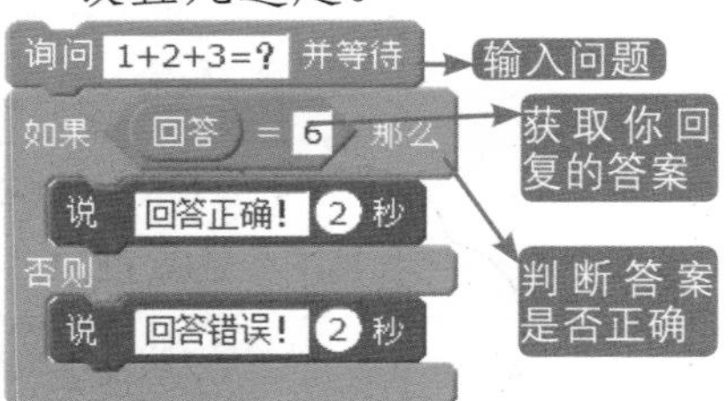

04 第二道题：

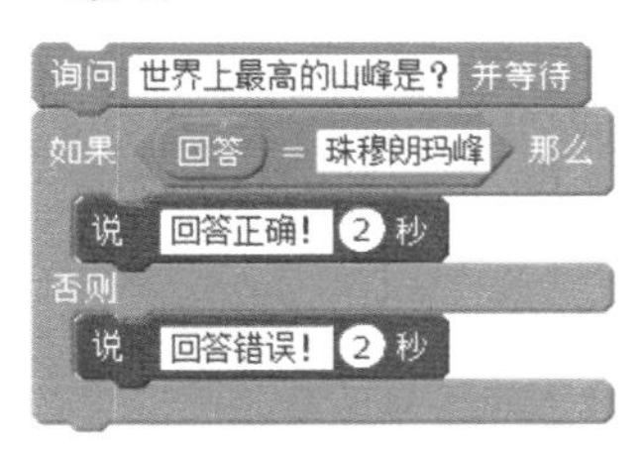

05 第三道题：

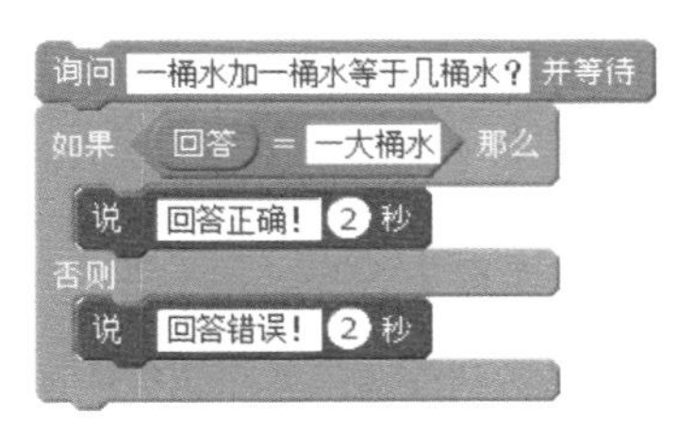

06 将3道题的程序块拼接起来，在程序开始拼接上“当小绿旗被点击”程序块。

07 你还可以继续接下去，给出第4道题和第5道题。

08 螃蟹挥舞着大钳子。

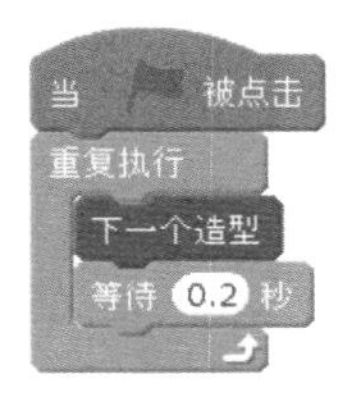

09 章鱼可是个厉害的角色，无论你什么时候点击它，它都知道你要的答案。建立一个变量来记录螃蟹出题的题号。

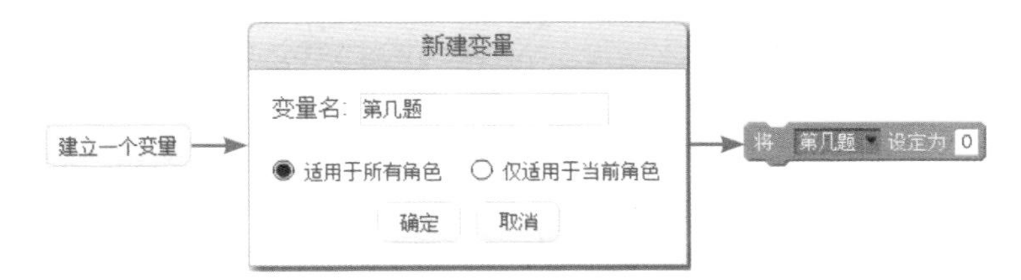

10 章鱼是怎么知道螃蟹问的是第几题呢？这个时候我们运用变量将第几题存下来。

将 第几题 设定为 0 → 修改题号

11 将每一题的题号添加进来，这样章鱼就知道啦。

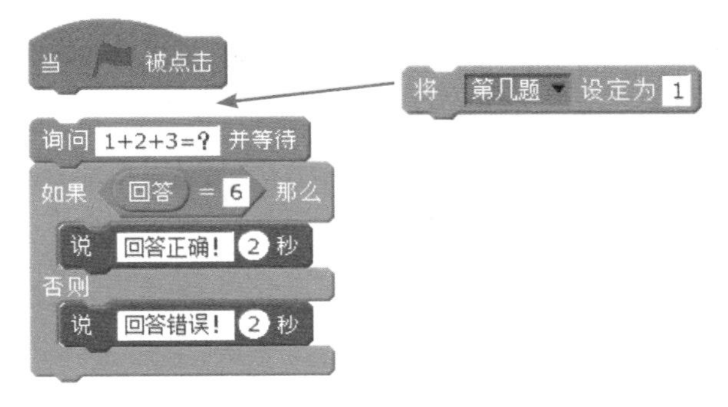

将 第几题 设定为 2
询问 世界上最高的山峰是？ 并等待
如果 回答 = 珠穆朗玛峰 那么
说 回答正确！ 2 秒
否则
说 回答错误！ 2 秒
将 第几题 设定为 3
询问 一桶水加一桶水等于几桶水？ 并等待
如果 回答 = 一大桶水 那么
说 回答正确！ 2 秒
否则
说 回答错误！ 2 秒

12 现在给章鱼先生添加可以未卜先知的程序块吧。

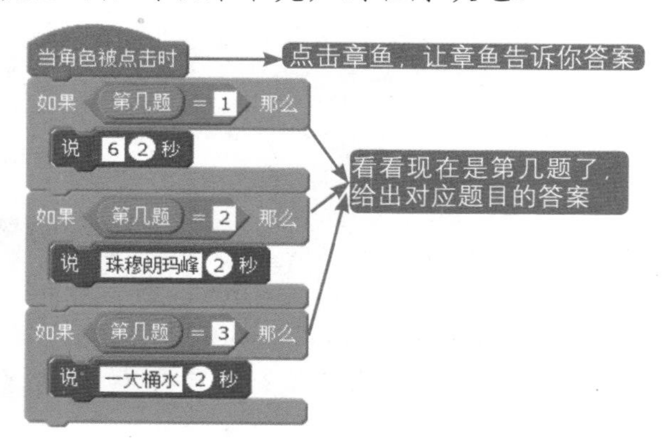

13 给章鱼增添点游走的效果。

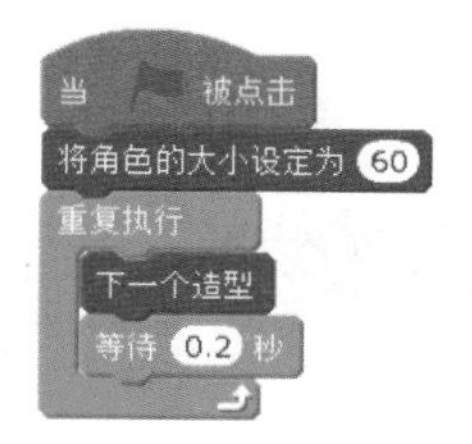

14 让章鱼移动起来。

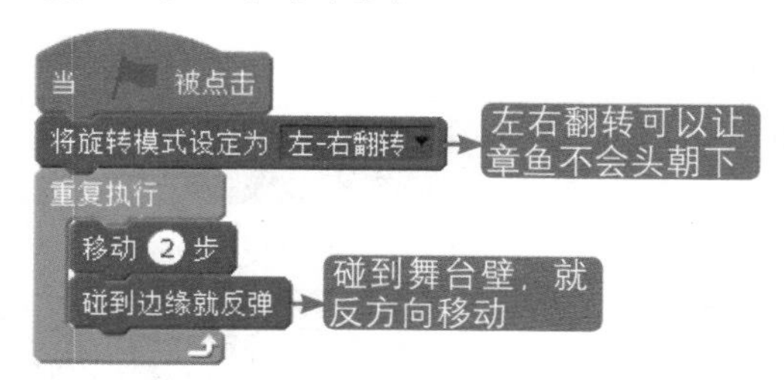

15 打开“文件”，选择“保存”选项，取一个适合游戏的名字。

9.3 射击蝙蝠（按下鼠标）

射击蝙蝠，法师发射箭头导弹射击黑色蝙蝠，用鼠标控制导弹的方向和射击。

01 新建项目，打开“绘制新背景”。

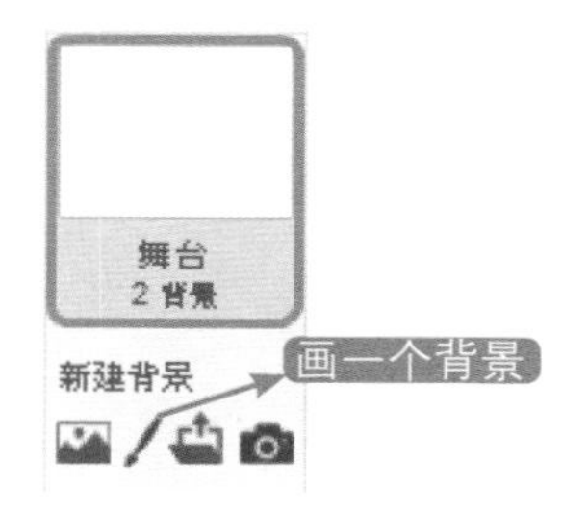

02 用颜色填充，选择淡紫色或者你喜爱的颜色，绘制底色背景。

03 删除猫猫侠角色，添加“Wizard”“Arrow1”“Bat2”角色，并且重命名为“法师”“箭头”“蝙蝠”。

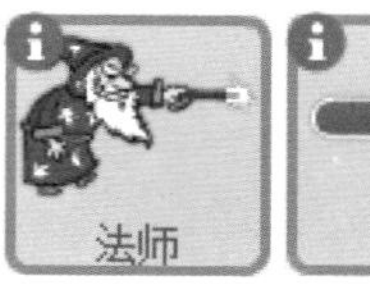

04 选择法师，用鼠标控制法师的瞄准方向，让法师的魔法棒朝着鼠标的方向。

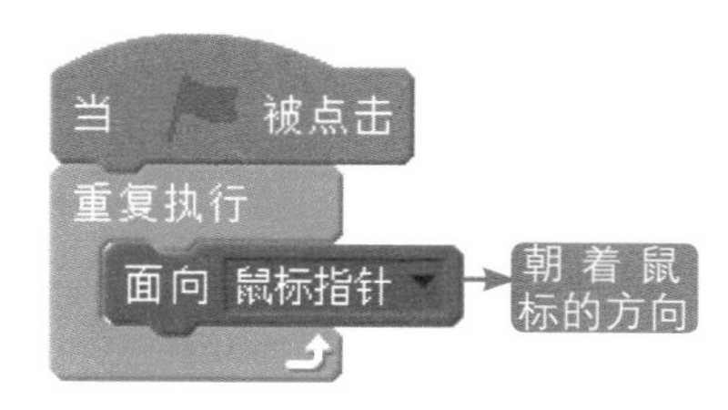

05 为了让箭头能知道发射的方向，还需要将这个方向告诉箭头，怎么记下这个方向呢？好记性不如烂笔头，我们使用变量来存储这个方向值。

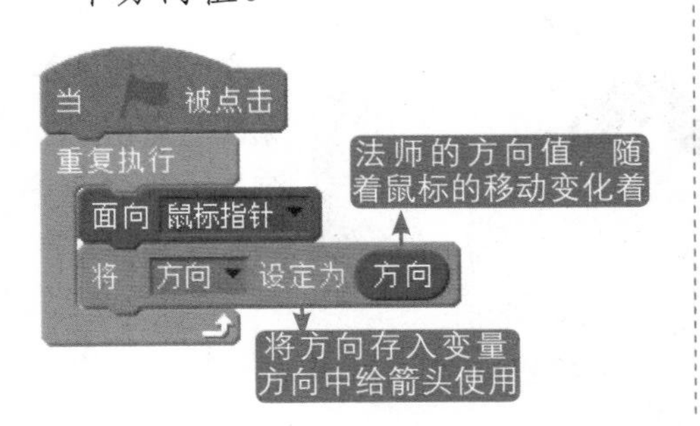

06 选择箭头角色。

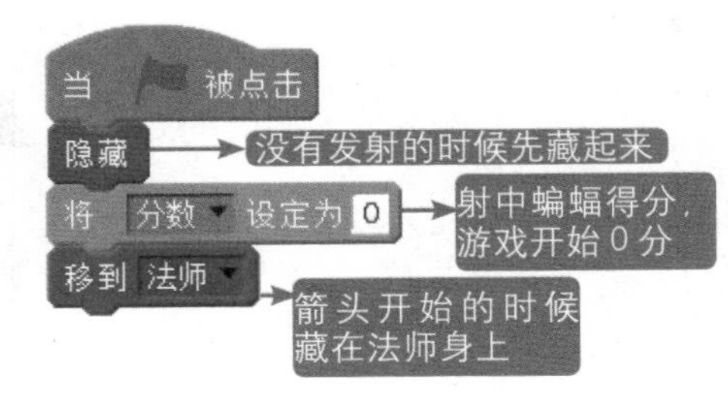

07 点击角色后执行程序，我们会使用当角色被点击时。按下按键执行程序，可以使用当按下 空格 键。还可以配合如果、那么使用如果 按键 空格 是否按下？那么。按下鼠标按键执行程序为如果 鼠标键被按下？那么。

但是很多时候，我们需要按下鼠标不执行，但是松开鼠标的那一瞬间执行，就好像这次射击，按下鼠标发现没瞄准，还能调整，松开鼠标才发射。

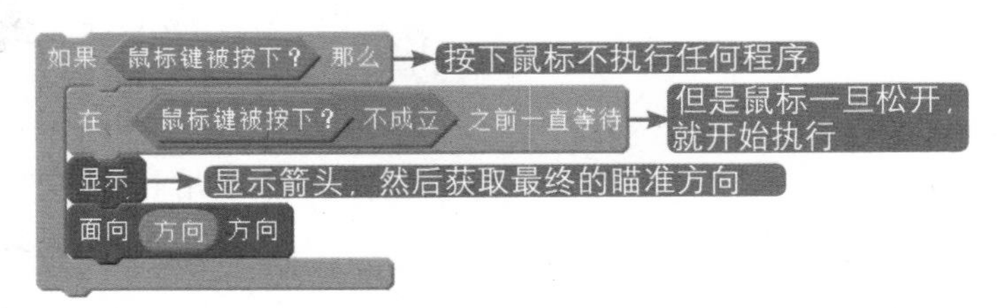

获取最终的瞄准方向后，箭头就发射了。

08 箭头不移动了，该怎么办呢？

碰到边缘消失，回到法师身边准备下一次射击。

09 碰到蝙蝠呢？游戏得分，箭头回到法师身边再次准备射击。

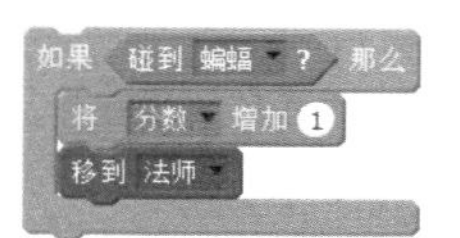

10 将程序块组合起来。

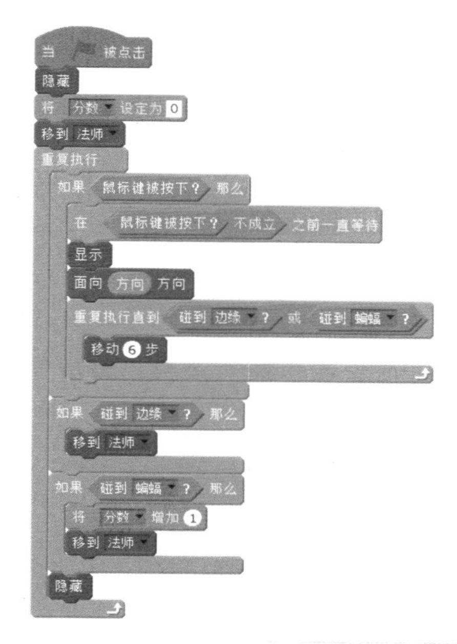

11 给游戏增加点音乐效果，当箭头击中的蝙蝠发出声音时，选择箭头角色，点击声音标签，选择“从声音库中选取声音”。

进入声音库中：

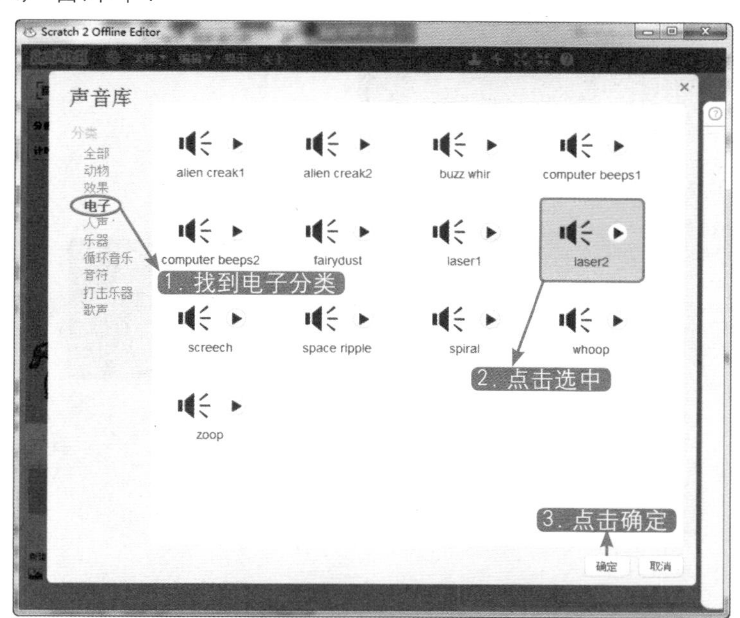

12 这样声音就添加进来了，听听里面其他声音，声音库中有许多动物和乐器的声音。

拖动声音模块，选择刚刚添加的声音。

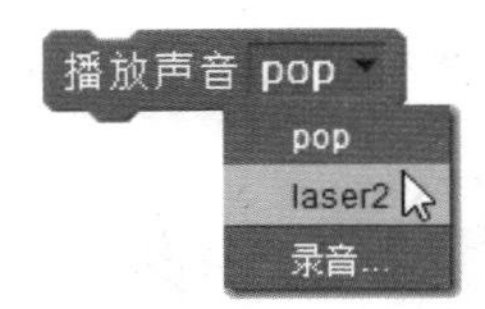

13 将声音程序块插入碰到蝙蝠程序中。

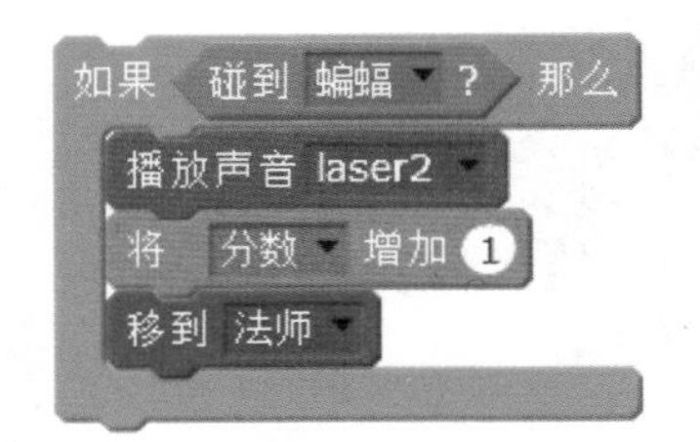

14 再让游戏有点紧迫感，给游戏添加时间期限。

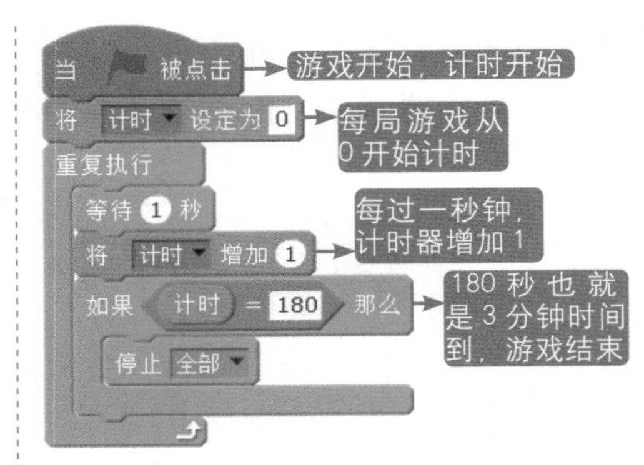

15 选择蝙蝠角色，调整角色大小，编写飞行效果程序。

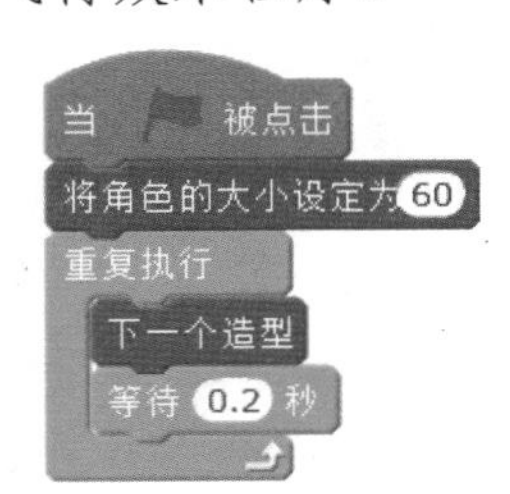

16 继续编写飞行效果程序。

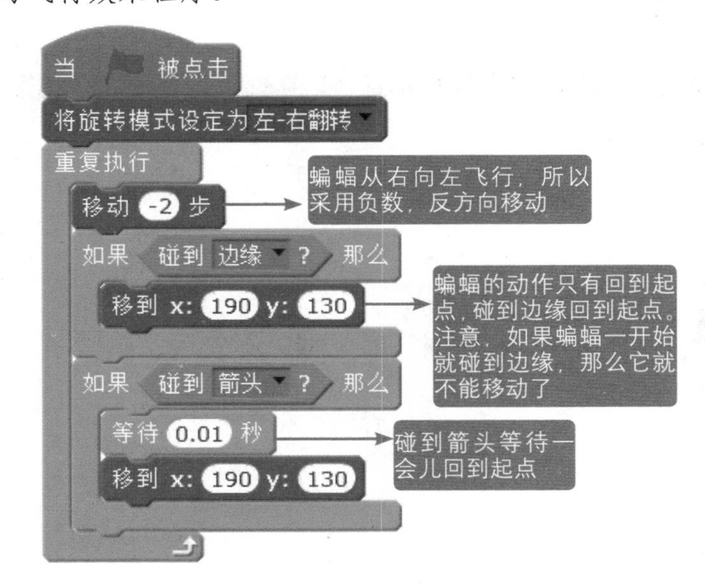

如果觉得蝙蝠移动得太慢了，可以调节飞行移动速度，–10 的移动速度比 –2 大哟。

负号“–”在这里表示方向向左。速度大小还是比较负号后面的数字大小。

也可以让飞行速度随着分数越大，飞行得越快 (-1 * 分数)。

9.4 帮助落水的小鸟（视频侦测）

一只飞翔的小鸟不小心掉入水中，你要营救它。不能让小鸟沉到水底，不然会被淹死的。

这次游戏和以往的都不相同，我们不需要使用键盘，也不用鼠标，直接用我们的身体就可以来玩这场游戏。这是体感游戏，是不是很有趣？那么我们开始吧。

01 新建项目，打开“从背景库中选择背景”，添加背景“underwater3”到舞台背景。

02 删除猫猫侠角色，添加“Parrot”角色，并且重命名为“小鸟”。

03 小鸟角色初始的属性设定，设定小鸟角色开始的位置，让它的大小更适合舞台，旋转模式为后面小鸟的飞行做准备，并设置飞行的动态效果。

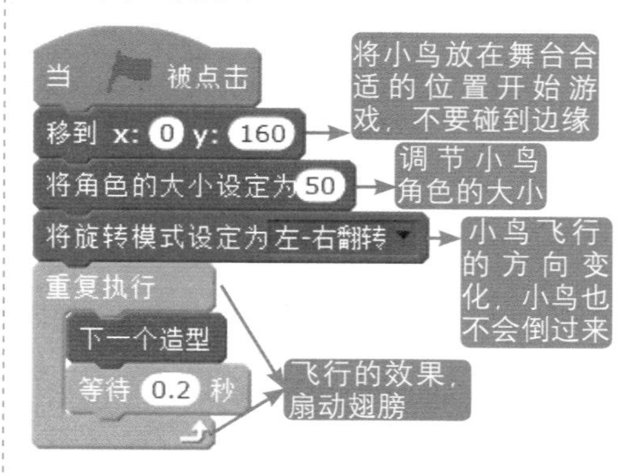

04 开始编写体感游戏程序。首先打开摄像头，笔记本电脑一般都自带摄像头，如果你是台式电脑，记得接上一个摄像头哟。

05 当游戏结束时，记得关闭摄像头。

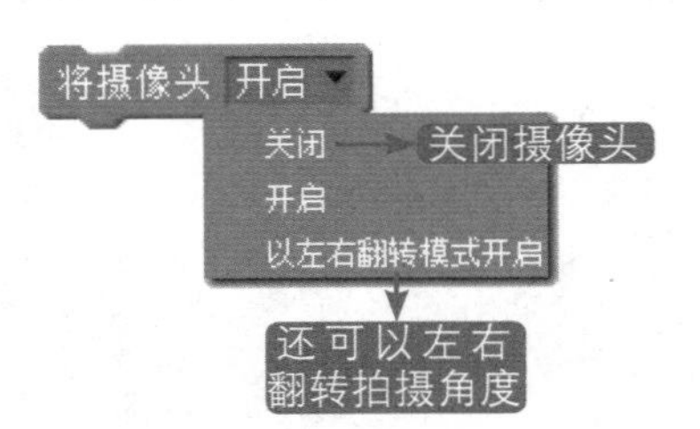

06 体感游戏靠着我们在屏幕上的动作来控制角色的移动。

这个程序块返回的是一个数字。

07 如果你想看到这个数字，让角色不停地说出这个数字的变化就可以了。这是我们在编程的时候常用的一种方法，查看想要的结果变化。

不仅可以侦测视频的移动速度，还有方向。

我们的移动可以在角色上，也可以放大范围在舞台上。

接下来，根据不同的动作来解救这只落水的小鸟，当小鸟快沉落水底的时候，我们需要用手将它拖上来。

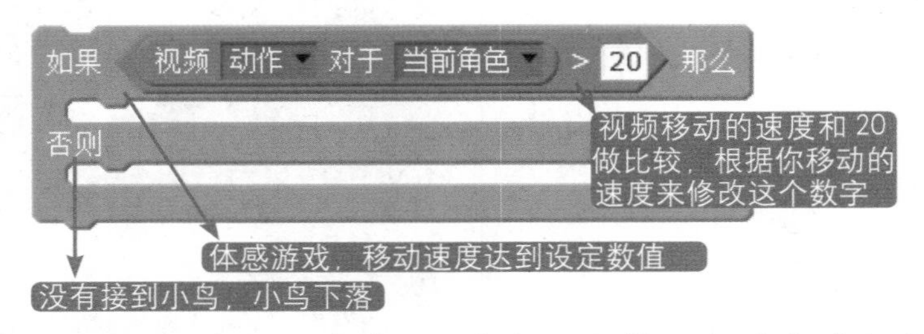

小鸟朝上飞翔，将方向改成0，小鸟飞翔的方向就变成向上了。为了不让小鸟一直向上飞，给小鸟的飞翔移动设定次数。

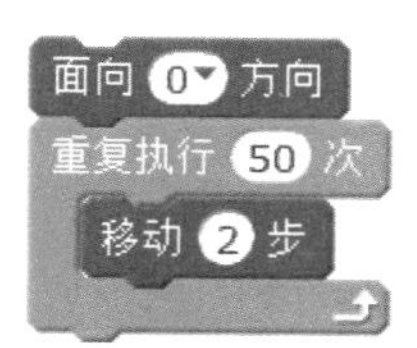

如果你没能接到小鸟，小鸟飞不上去，就会沉下去，方向朝下180。

如果想要增加游戏难度，可以将小鸟下移的速度变大，移动1步改成6步，甚至更大，来挑战一下吧。

该游戏就是不能让小鸟沉到水底，当小鸟沉到水底时游戏结束。

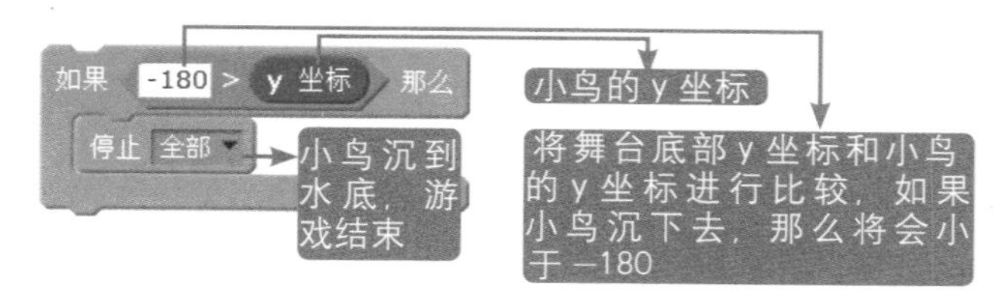

给游戏增加点难度，当小鸟被救起碰到舞台上边缘的时候，小鸟出现在舞台同一高度的其他位置，继续下落。

如果 y 坐标 > 160 那么
移到 x: 在 -220 到 220 间随机选一个数 y: 160
比较边缘的坐标
移动到同一高度的不同 x 坐标

整个小鸟营救的代码如下：

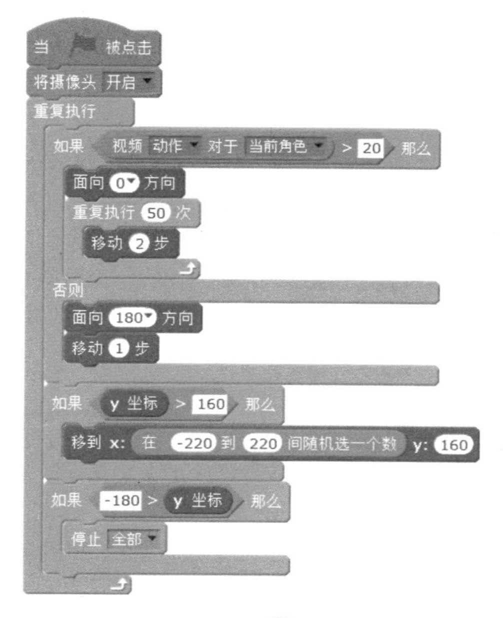

神算子

（计算超能力，自创超能力）

10.1 魔鬼为难猫猫侠（加减乘除）

猫猫侠独自走在阴森的森林中，突然出现了一只魔鬼。魔鬼说要吃了猫猫侠，猫猫侠特别害怕。不过这只魔鬼很特别，它只吃笨猫咪。看看猫猫侠可不可以逃过一劫。

01 新建项目，打开“从背景库中选择背景”，添加背景“woods”到舞台背景。

02 添加“Ghoul”，并且重命名为“魔鬼”，小猫咪命名为“猫猫侠”。

03 给猫猫侠和魔鬼中间留点距离，不然担心魔鬼忍不住饥饿把猫猫侠给吃了。

让猫猫侠在舞台的最左边，魔鬼在舞台的最右边。

点击魔鬼角色，选择造型标签，让魔鬼翻个身，面对猫猫侠。

04 固定好魔鬼的初始位置，并且说话吓一吓猫猫侠。

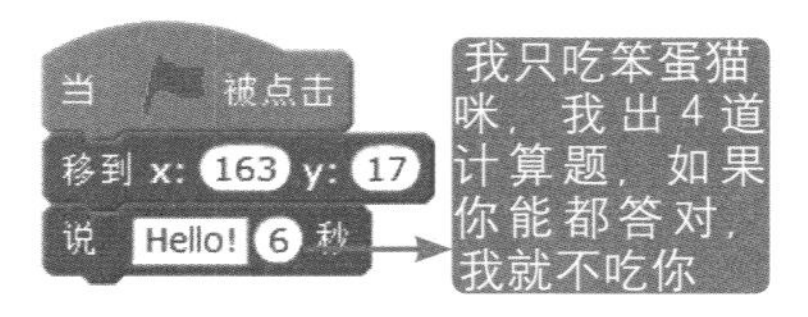

05 让魔鬼出题，题目简单还是困难就由你决定啦。比如你可以出题1023444+94848，相信这样猫猫侠一定被吃掉。

第一题为加法题，还算简单。

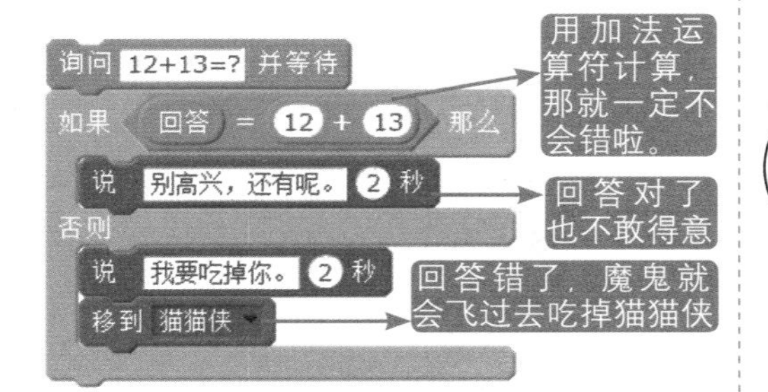

第二题为减法题，也不算难。

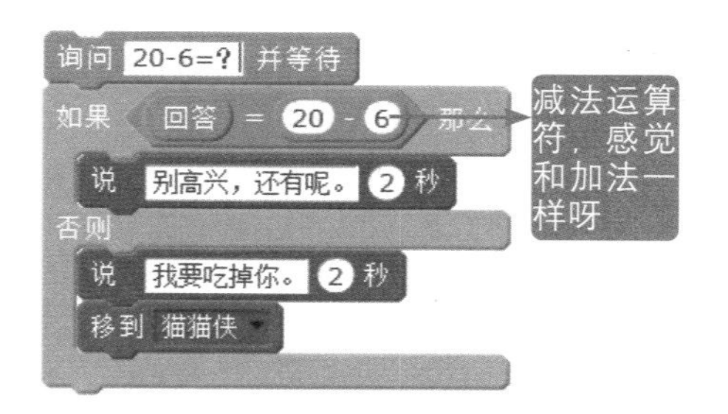

第三题为乘法题，有点挑战了。

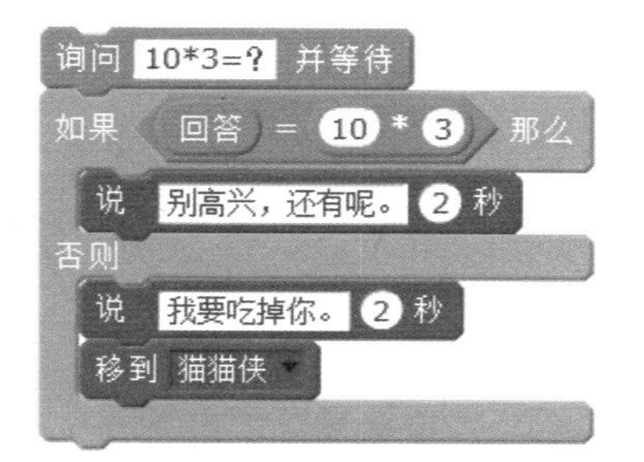

第四题为除法题，看样子猫猫侠要被吃了。

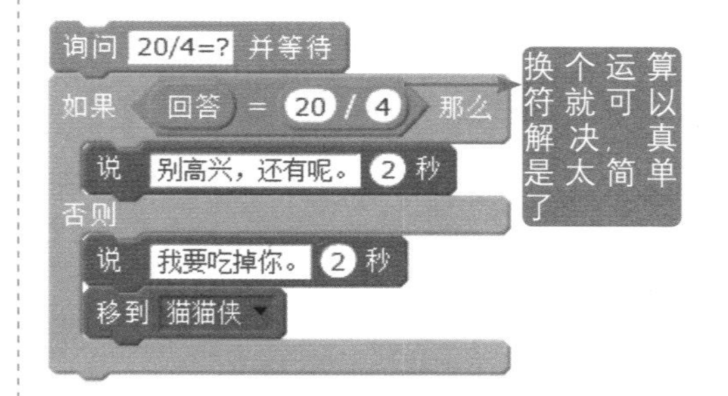

06 记得保存项目哟。

10.2 自创超能力

自创的程序模块想怎么样就怎么样，之前魔鬼出题考猫猫侠，我们写了很多代码。当我们学会自创超能力后，就可以简化它了。

我们来看看。

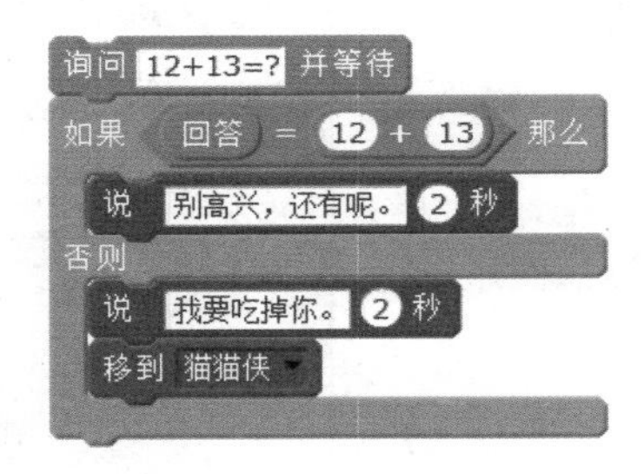

看我们怎么简化。

01 选择更多模块 更多积木 。
02 点击制作新的积木模块 制作新的积木 ，开启自创之路。
03 开始创建自己的程序块啦。

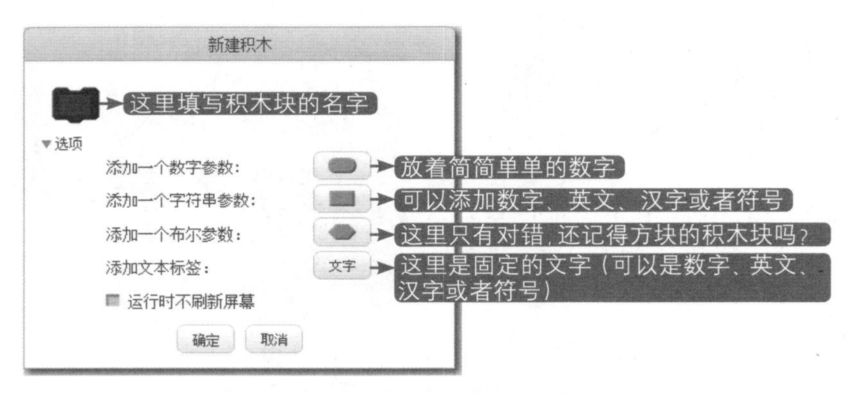

04 选择对应的方法，取个好记的名字，比如“出题”，检查脚本看看有几个地方发生变化。

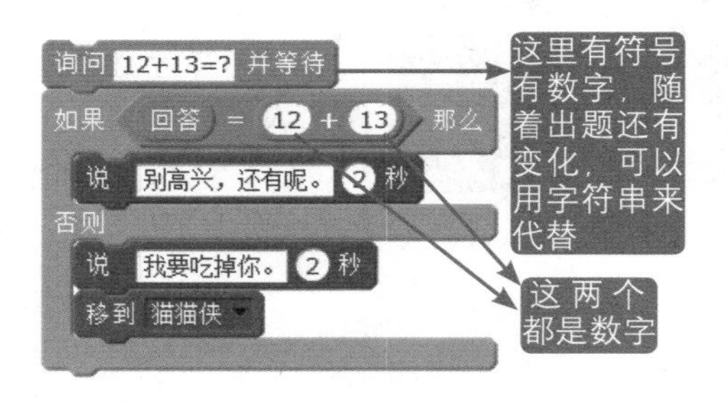

根据需要创建。

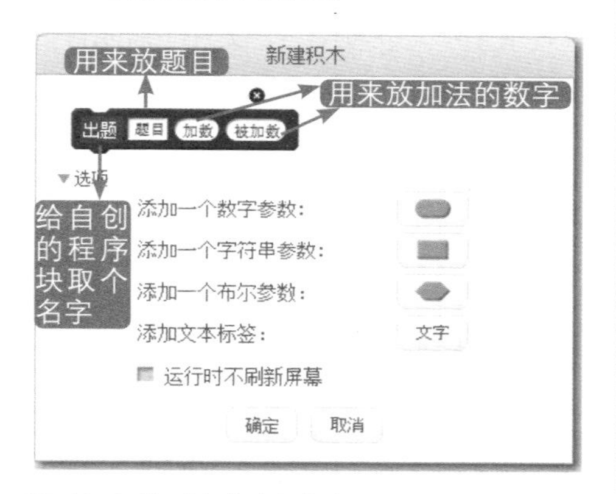

05 将出题程序创建好。

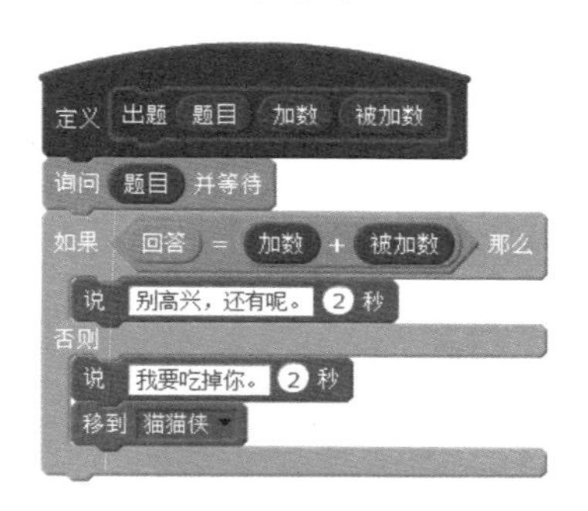

06 出题就简单多了，再也不用写那么多代码啦。

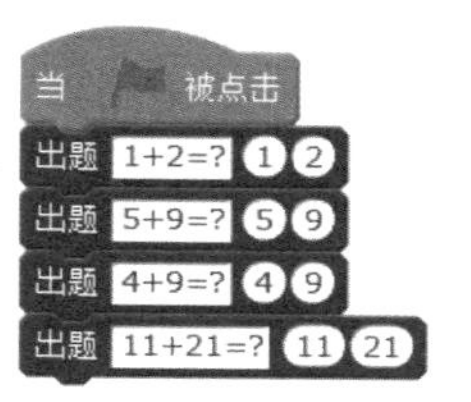

07 记得保存项目哟。

10.3 十进制 - 二进制（制作新积木块）

猫猫侠要在编程世界达到巅峰，就必须要懂得计算机的数字二进制。那么什么是二进制呢？我们先来看看十进制吧。100、34、11、3 这些都是十进制数字，只有达到 10 以后才会向前进一，9 加 1 就变成 10，就向前进了一位。

再来看看二进制吧，它就是到了 2 就会向前进一位，1 加 1 就变成 10，因为是二进制，所以它只有 0、1 两个数字来表示，当到达 2 时，就向前进一位。

十进制的 3 是二进制的多少呢？是 10 加 1 等于 11，那么十进制的 4 呢？是 11 加 1 等于 100。现在你明白了吗？十进制的 10、11、100 和二进制的 10、11、100 可是完全不同的哟。

我们再来看看 0~10 的十进制数用二进制是如何表示的。

十进制	二进制
0	0
1	1
2	10
3	11
4	100
5	101
6	110
7	111
8	1000
9	1001
10	1010

十进制的数怎样转化成二进制的数呢？告诉大家一个最简单的方法，就是不断除以 2，把余数写在右边，然后从最后一个得到的商往回倒，再和余数排列起来，得到的数就是二进制要表达的结果了哦。举几个例子。

2|9
2|4 ……1
2|2 ……0
1 ……0

所以 9 用二进制表示就是 1001

2|10
2|5 ……0
2|2 ……1
1 ……0

所以 10 用二进制表示就是 1010

2|15
2|7 ……1
2|3 ……1
1 ……1

所以 15 用二进制表示就是 1111

接下来，我们用程序来讲十进制转化成二进制，要使用自创的程序块了。

01 新建项目，选中猫猫侠角色。

02 创建一个新的积木块 制作新的积木 。

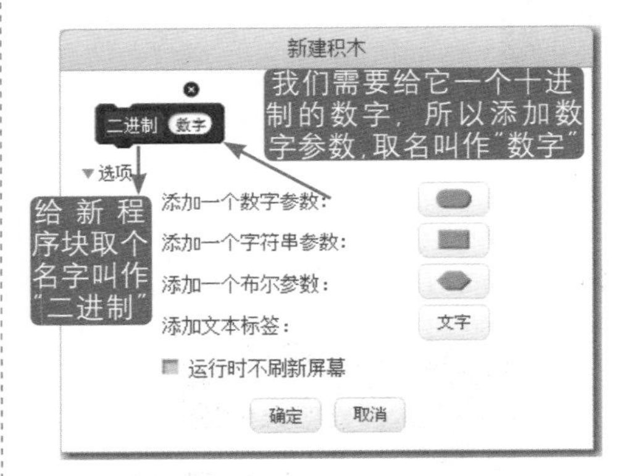

03 脚本区就会出现我们创建的二进制函数啦！

04 我们知道 0 和 1 在二进制里就是 0 和 1。

我们需要不断地除以 2 才能获得最终的结果。因为 0 不能作为除数，所以我们需要将它排除。

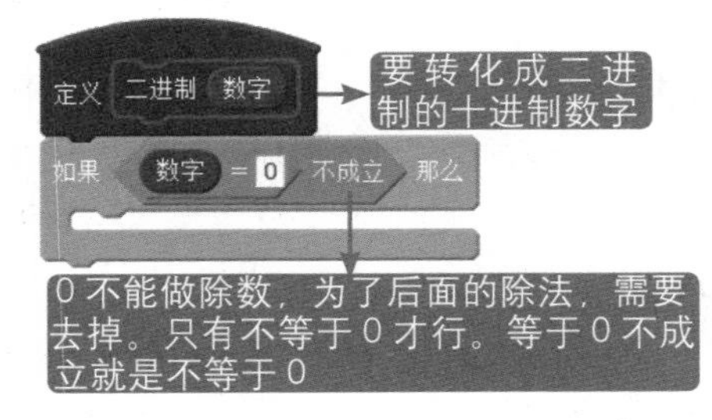

05 创建一个变量，将最终的结果保存下来 建立一个变量 。

取个名字叫作“转化结果”。

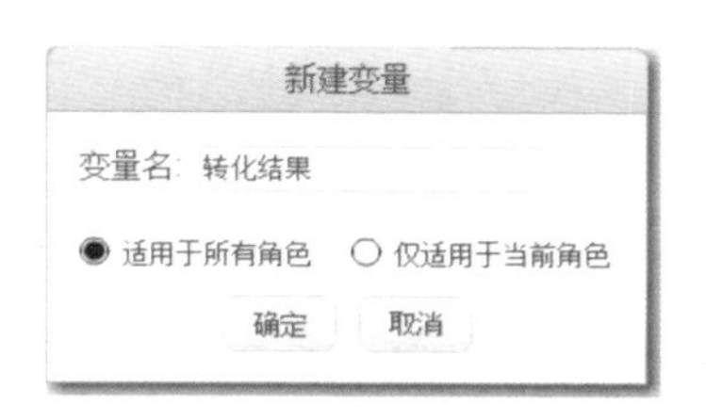

06 除以 2 获取到余数，从运算模块中拖出求余数程序块。有了它可以快速求得余数。

07 将十进制数字填入其中。

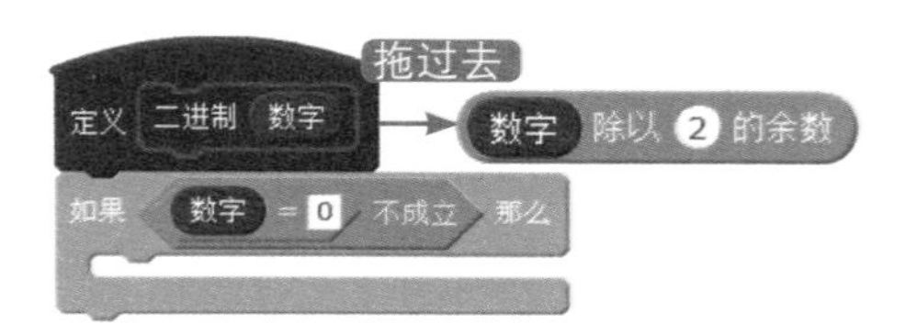

08 拖动运算模块中的连接程序块，准备连接余数。

连接 hello 和 world

09 转化结果需要将商和余数一个一个地拼接起来。

将 转换结果 设定为 连接 数字 除以 2 的余数 和 转换结果

10 只要得到的商不是 0，就要继续除。

11 将相除得到的结果作为新的数字继续除以 2。这样就重复我们的函数了。

二进制 数字 / 2

12 但是这个除法得到的结果是小数。我们只要整数部分，所以使用运算中的向下取整，只取整数部分。

如果 数字 / 2 = 0 不成立 那么
二进制 向下取整 数字 / 2

13 将它们全部组合起来，就是这样的。

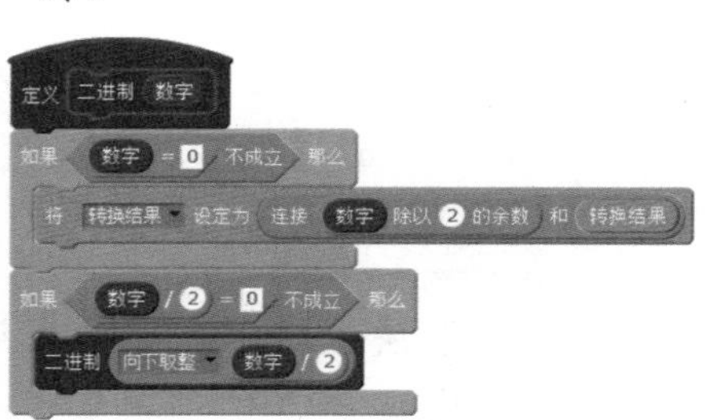

14 接下来只要使用即可，输入我们想转换的十进制数字就可以啦。

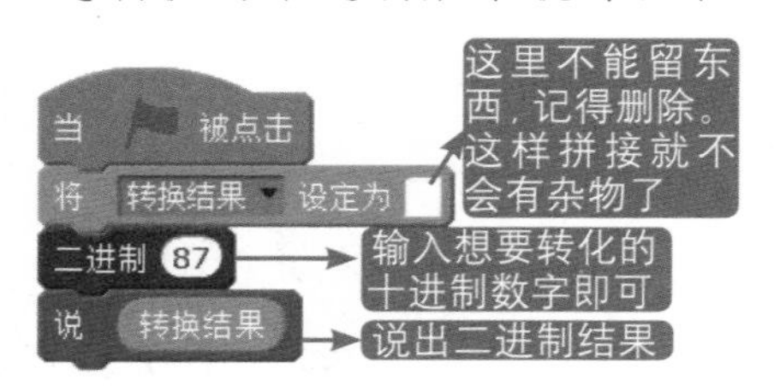

10.4 注释代码

注释代码好处多多，注释代码就是把代码的用处或者意义记录下来，方便自己或者别人阅读程序或者再次改进程序。

从现在开始给程序写注释，以后我们会受益匪浅的。

01 右击，选择“添加注释”。

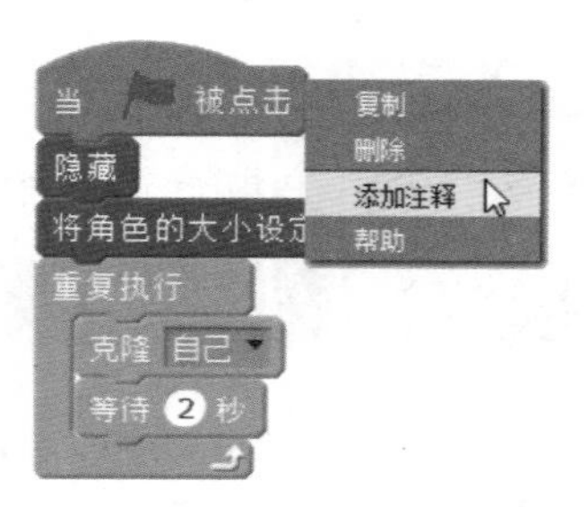

02 在黄色框中输入注释，描述这段代码的用处或者意义。

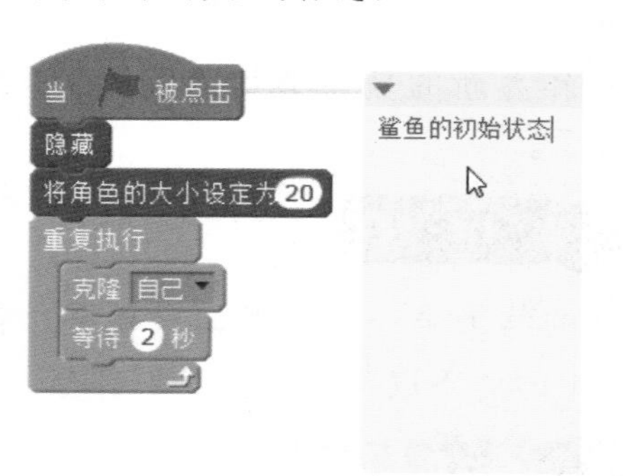

03 当查看程序的时候，一眼就知道这段程序脚本用于设定鲨鱼的初始状态。

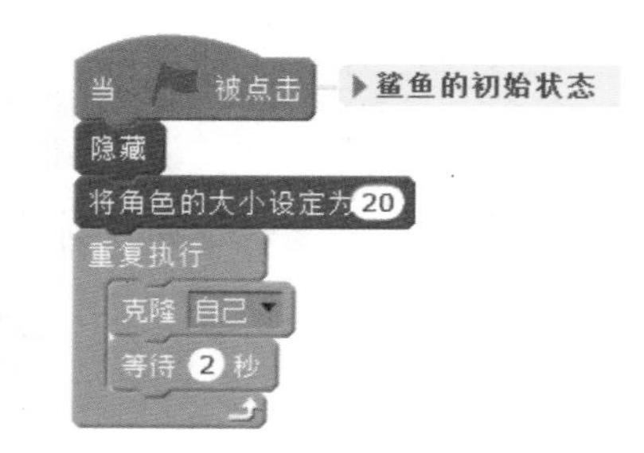

04 给程序写上一段注释，利人利己。

第11章 妖魔鬼怪快离开

猫猫侠来到外太空，不料途中遇到巫婆和幽灵。猫猫侠为了躲避妖魔鬼怪使用了跟随鼠标的瞬间移动大法。现在需要你帮助它躲避这些可怕的巫婆和幽灵。

11.1 瞧一瞧是怎样的游戏

这就是刺激的躲避游戏，考验你的眼力和操作能力。有时候需要从敌人的夹缝中逃生，有时候需要预先判断敌人的行径。可恶的巫婆和可怕的幽灵在太空中乱窜，我们需要帮助猫猫侠躲避它们，看看谁操作最灵活，可以躲避的时间最长。

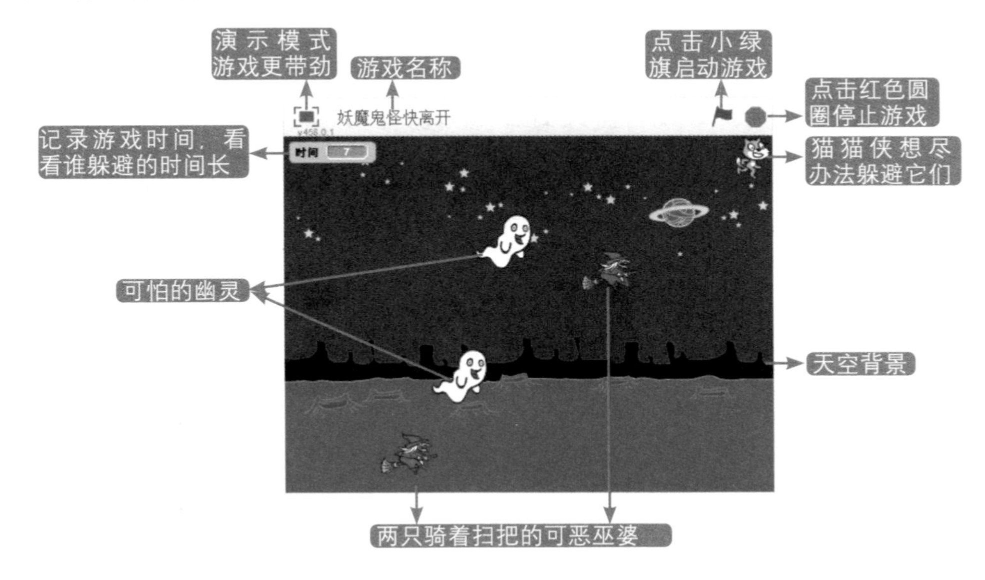

11.2 游戏操作

用鼠标或者电脑的触摸板来操作猫猫侠，考验你灵敏度的时候到了。

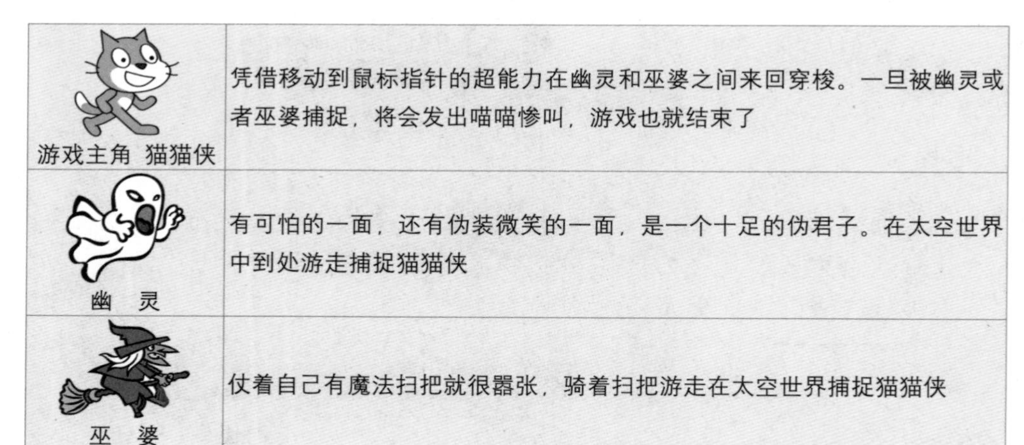

游戏主角　猫猫侠	凭借移动到鼠标指针的超能力在幽灵和巫婆之间来回穿梭。一旦被幽灵或者巫婆捕捉，将会发出喵喵惨叫，游戏也就结束了
幽　灵	有可怕的一面，还有伪装微笑的一面，是一个十足的伪君子。在太空世界中到处游走捕捉猫猫侠
巫　婆	仗着自己有魔法扫把就很嚣张，骑着扫把游走在太空世界捕捉猫猫侠

背景气氛

添加太空的背景，拥有点恐怖和灰暗的气氛。同样，你可以选择森林或者海底背景，这些背景同样拥有适合幽灵和巫婆生存的恐怖气氛。如果你添加的是舞会背景或者蓝天白云，那就有点怪怪的了。

01 新建一个 Scratch 项目，点击“从背景库中选择背景”，在背景库的太空分类中查找“space”背景。从分类中寻找角色和背景既快捷又准确。

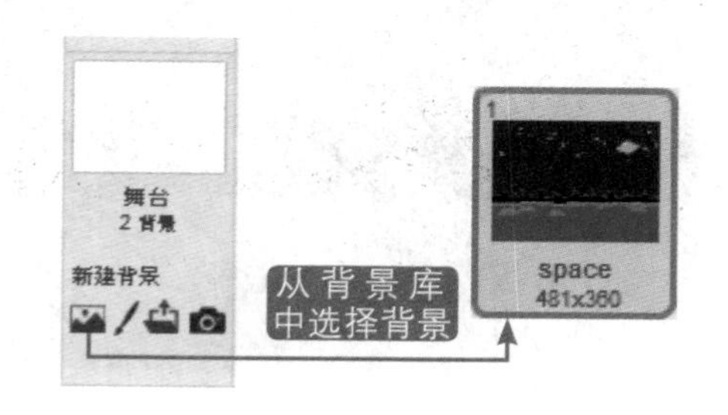

游戏角色

除了猫猫侠主角外，再添加一个幽灵和巫婆作为敌人。先不着急添加多个同样的敌人，等我们编写好敌人代码，再复制它们，这样不用编写重复的代码。

02 点击“从系统角色库中选取角色”，打开角色库，寻找想要的角色。

制作计时器

03 找到橘黄色数据模块，创建一个新变量来记录游戏时间，给变量取个名字，叫作“时间”。

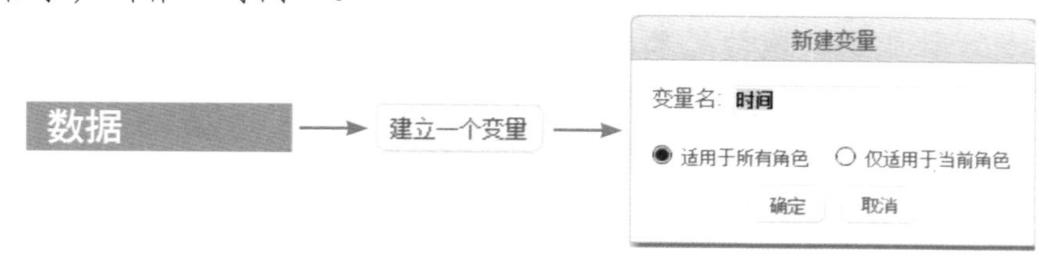

04 选中猫猫侠角色，给它添加计时器脚本代码。点击小绿旗，启动计时器，看看猫猫侠可以坚持多久不被妖魔鬼怪抓到。每过一秒，“时间”变量增加1。

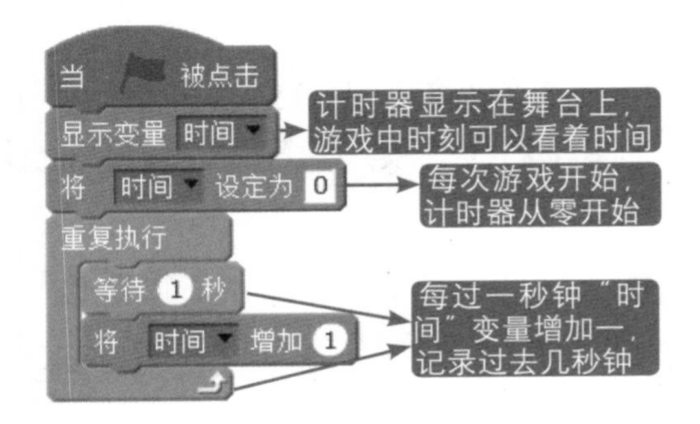

果果思考

程序指令的执行非常讲究顺序，很多时候看上去没关系，但是一旦调换了顺序就会出现错误。看看下面两个程序块的顺序，一旦调换了，会有什么后果呢？

等待 1 秒
将 时间 增加 1

将 时间 增加 1
等待 1 秒

你作答

A. 调换顺序后还是一样的，不会出现错误。

B. 调换后的顺序，相同时间，“时间”变量多1。

C. 调换后的顺序，相同时间，“时间”变量少1。

如果你不知道，写入程序试一试，不过要仔细留意哟。

05 针对角色的脚本编写，首先确定它们的初始状态。设定猫猫侠的初始大小和初始位置。

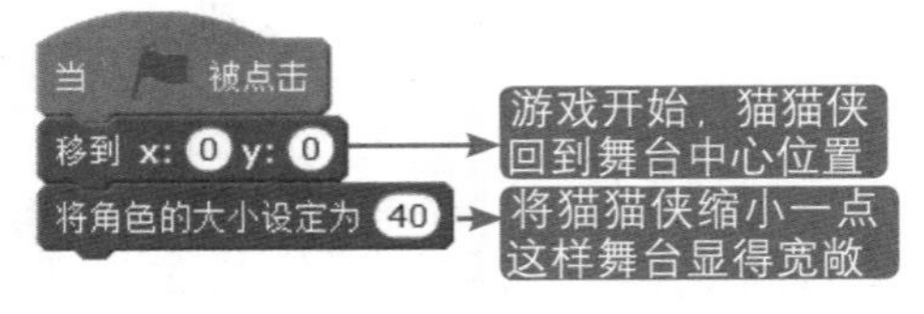

06 添加动画效果让游戏看起来更加有生机。让猫猫侠跑动起来，将猫猫侠的两个奔跑造型来回切换。将以下脚本拼接到上一步代码的后面。

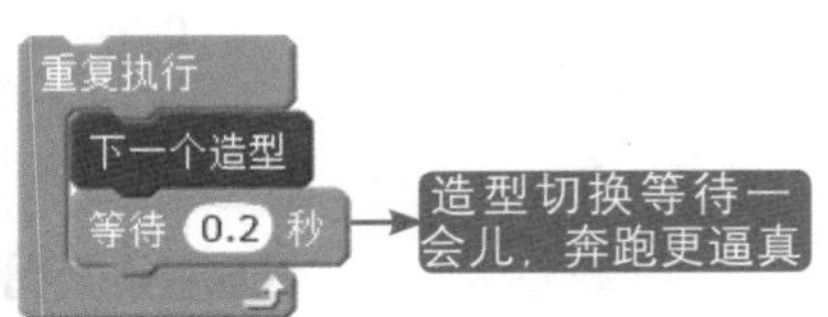

07 程序组合起来的样子。

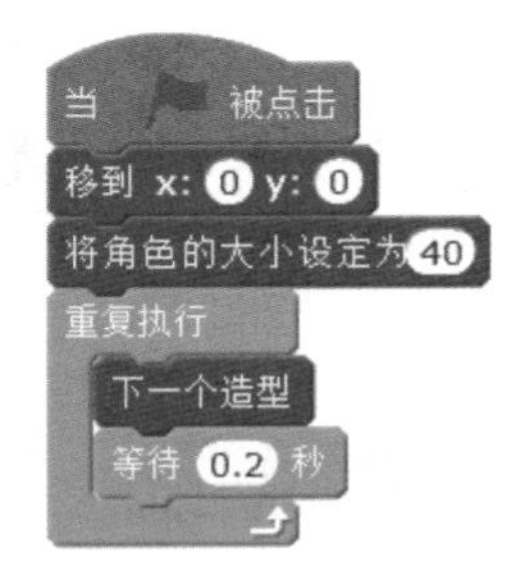

08 点击小绿旗启动游戏，猫猫侠跟随鼠标移动。鼠标到哪，猫猫侠就到哪。通过重复地跟随鼠标移动来躲避可怕的幽灵和巫婆。每次点击小绿旗的时候，猫猫侠就跟随到小绿旗的位置。为了让点击小绿旗后，玩家能有点反应时间，设置等待 0.5 秒后猫猫侠跟随鼠标移动。

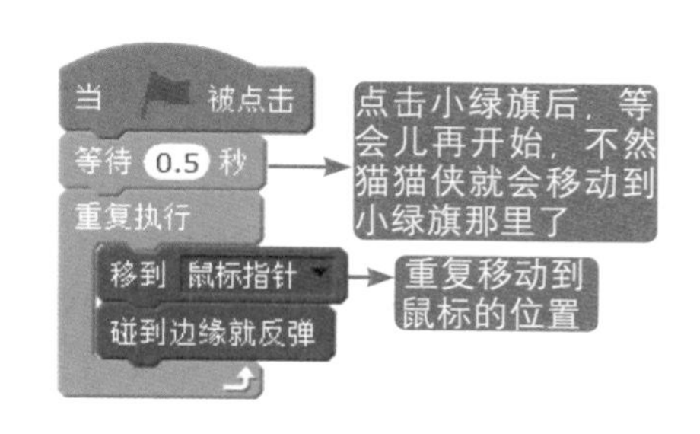

我可不想嵌入舞台壁里面。程序执行可是讲究顺序的哟，在猫猫侠碰到舞台壁的时候，这两个程序的顺序可是很重要的。

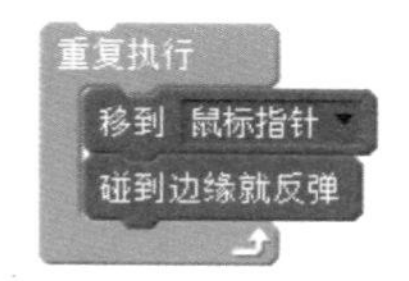

先移动，后反弹，无论移动到哪里，我都会弹出来。

先反弹，后移动，那就惨了。弹出来，又要进入舞台壁里。

09 猫猫侠碰撞舞台边缘总是会翻转过来，看来要给它设定一下旋转模式，不然猫猫侠一定转得晕头转向。

10 拖动旋转模式到脚本区，选择“左 - 右旋转”选项，拼接在上一步中的“当小绿旗被点击”下。

将旋转模式设定为 左-右翻转
左-右翻转
不旋转
任意

哈哈，这样就不晕了

11 选中“幽灵 1”角色 。编写“幽灵 1”的脚本，先设定角色初始大小和造型动作。

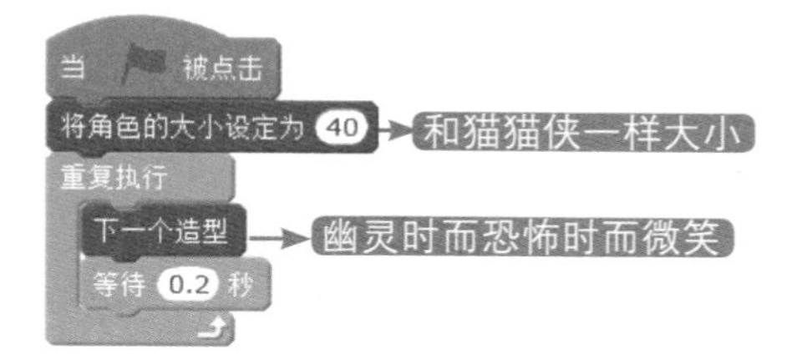

我就是幽灵

12 让幽灵在舞台中游走起来，碰到舞台边缘转变方向，这就是碰到边缘就反弹的力量，不能移动的幽灵就没什么可怕的。

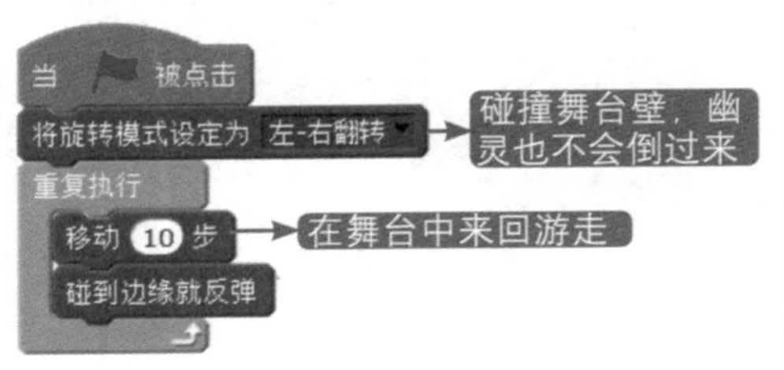

13 现在幽灵只会左右来回游走，行走在固定的直线上。游戏太简单啦，猫猫侠轻而易举就能躲避它。给幽灵增加点灵活性，使得它行踪不定，更加有挑战性。

14 给幽灵一个任意游走方向，以0~360度中的任意一个角度开始游走。将以下脚本拼接到上一步的“当小绿旗被点击”下。

加速度

15 幽灵固定的移动步数太没挑战性了，游戏的难度应该逐步增加。让幽灵随着时间越长移动越快，躲避难度逐渐增加，看看谁坚持躲避的时间长。

(1) 先来个移动初速度，比如3。

(2) 初速度加上设置的加速度。

(3) 编写变化的速度脚本，时间每过5秒，移动速度增加1。

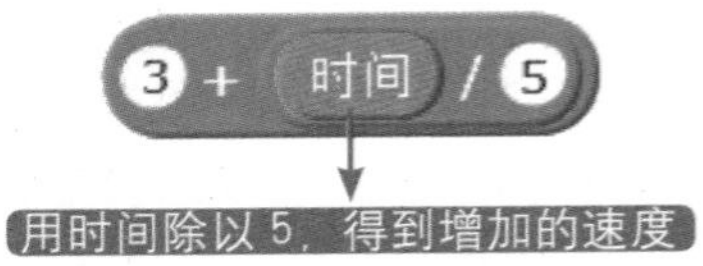

16 将随时间变化而变化的速度脚本替换移动速度10。

移动 3 + 时间 / 5 步

17 选中“巫婆1”角色，给它编写和“幽灵1”相同的脚本。让巫婆和幽灵一样游走，游戏有两个敌人，难度增加。

18 一个幽灵和一个巫婆太单调了，再复制一个幽灵和一个巫婆，让敌人也多个伴。游戏更具有挑战性。

19 在角色列表中选中“幽灵1”角色，右击，选择复制选项，角色列表和舞台区都出现了“幽灵2”角色。

“幽灵 1”角色和“幽灵 2”角色拥有完全相同的脚本和造型，只是角色名字不同，一个是“幽灵 1”，另一个是“幽灵 2”。

20 再复制出角色“巫婆 2”，这样舞台中就有两个幽灵、两个巫婆了，游戏增添了不少挑战和刺激。

21 幽灵和巫婆的脚本编写完成了。选中猫猫侠角色，编写猫猫侠识别碰撞幽灵和巫婆的脚本。无论猫猫侠碰撞哪只幽灵或者哪只巫婆，游戏都会结束。用“或”将碰撞角色连接起来，这样碰撞其中任何一个角色都会触发指令。

22 从侦测模块中拖出 4 个“碰到”程序块，分别选择不同的敌人角色。

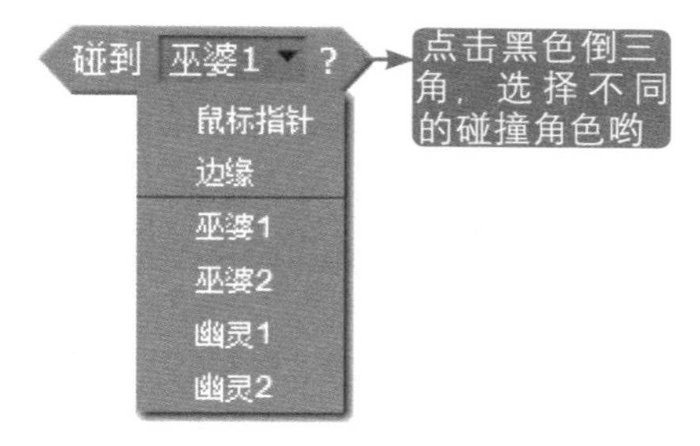

23 将不同的碰撞角色加入“或”框中，一个“或”不够用，我们用 3 个。

碰到 巫婆1 ? 或 碰到 巫婆2 ? 或 碰到 幽灵1 ? 或 碰到 幽灵2 ?

碰到 巫婆1 ? 与 碰到 幽灵1 ? “与”这样就需要同时碰到“巫婆 1”和“幽灵 1”才会生效哟。我的胆子都大了，要它们两个一起才能抓到我，那可是不容易的。

碰到 巫婆1 ? 或 碰到 幽灵1 ? “或”这样就危险了，“巫婆 1”和“幽灵 1”只要其中任何一个碰到我，都可以把我给抓了，我需要小心点了。

碰到 巫婆1 ? 不成立 “不成立”，太奇怪了，这倒好，没碰到“巫婆 1”反而我会被抓。

碰到“巫婆 1”不成立，不就是没碰到吗？

24 将“或”语句嵌入“如果，那么”中的方块里，判断猫猫侠有没有碰到巫婆和幽灵。

猫猫侠需要小心了，有那么多巫婆和幽灵，而且谁都不能碰到，不然就会被抓，到时候可没人救得了你。

25 如果猫猫侠被抓住了，就只能惨叫一声了。将以下脚本嵌入重复执行的程序块中，因为侦测有没有碰撞需要不断地执行。

26 程序组合的样子。

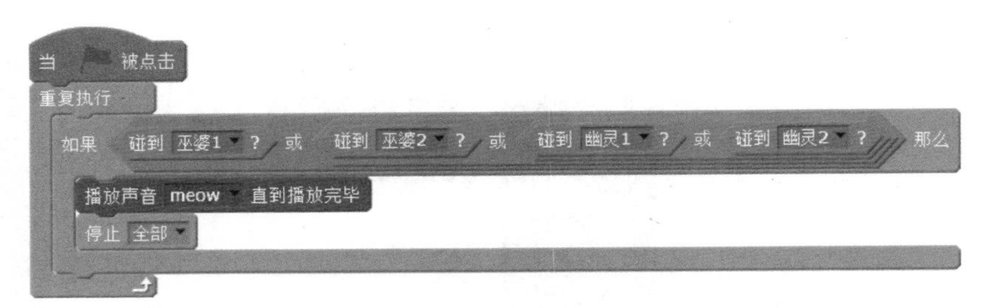

27 给游戏增添点音效色彩，录制个伴奏声音。

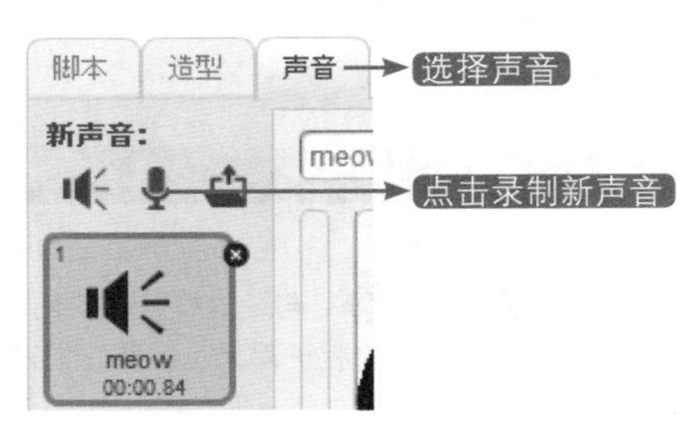

28 开始录制声音吧，保持环境安静，别让杂音打扰了录制。点击录制后，说“妖魔鬼怪快离开！妖魔鬼怪快离开！”，你也可以自己编段话。

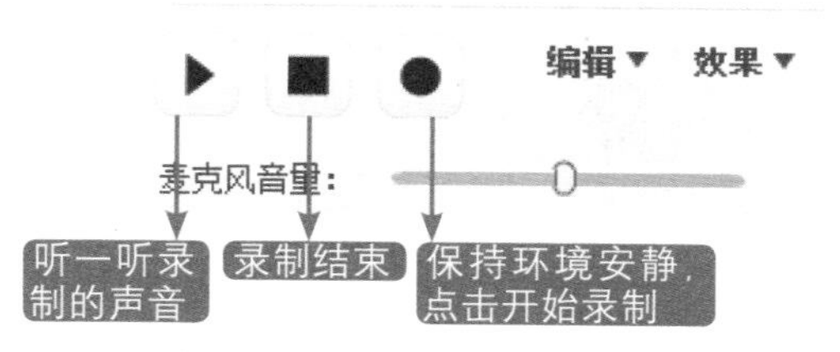

29 给录制好的声音取个好听的名字，方便查找和选择。

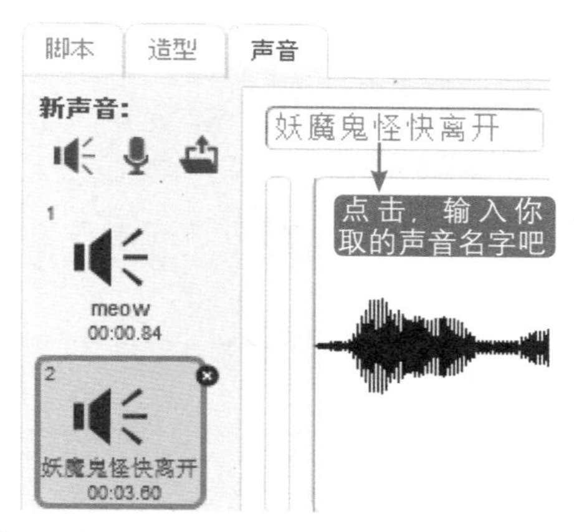

30 编写以下脚本，按键盘上的空格键，猫猫侠就会发出录制好的声音“妖魔鬼怪快离开！妖魔鬼怪快离开！”。不过幽灵和巫婆可不怕这咒语呢。

```
当按下 空格 键
播放声音 妖魔鬼怪快离开 直到播放完毕
```

31 点击小绿旗开始躲避游戏吧，移动鼠标让猫猫侠在我们的掌控中，不断地躲避幽灵和巫婆，哪怕它们的速度越来越快，只要你眼疾手快，就能躲过去，看看你能坚持几秒钟。

32 这么有趣的游戏记得叫上小伙伴们一起玩，然后点击“文件”，选择保存选项，给项目取个名字，叫作“妖魔鬼怪快离开！”。

第12章 迷宫夺宝

普通迷宫从一个进口进入，寻找到出口游戏就结束了。今天我们要闯的可是一个有特色的迷宫。要离开迷宫获得宝藏，必须先获得钥匙。但是宝藏钥匙有两只幽灵守护者，要用铃铛发出的声音来声东击西引开它们。在寻找钥匙的途中，我们还需要躲开巡逻的魔鬼。快来挑战这个高难度迷宫吧。

12.1 瞧一瞧是怎样的游戏

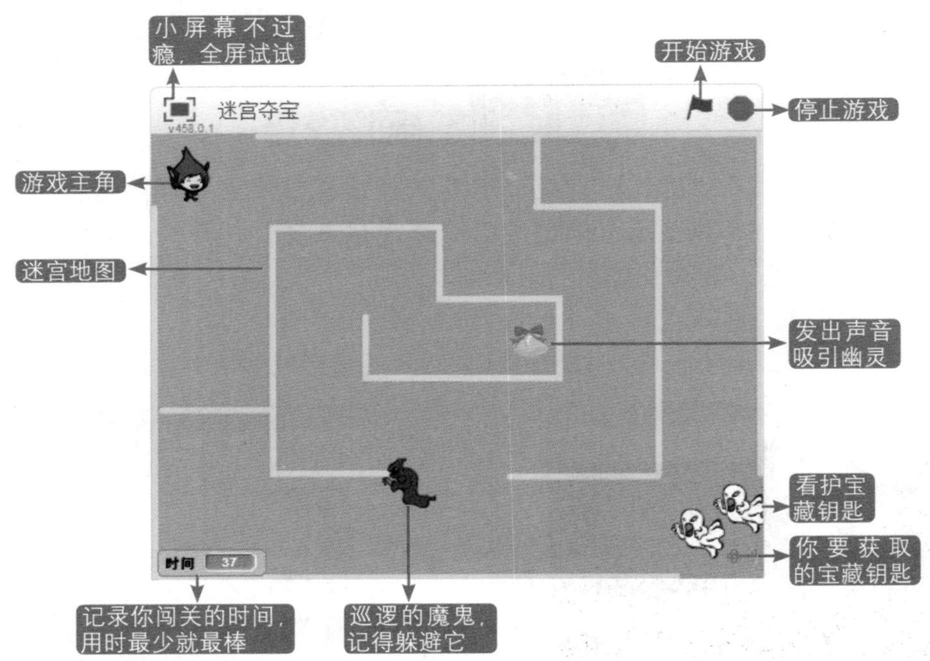

12.2 游戏操作

使用键盘的上下左右按键来完成游戏闯关。

Giga	游戏主角，在迷宫中躲开魔鬼，引开幽灵，获取宝藏钥匙
魔　鬼	在迷宫地图中巡逻，魔鬼可是很危险的，必须要躲开它，被它抓住就完蛋了
铃　铛	玩家触碰铃铛，发出声音将守护钥匙的幽灵吸引过来
钥　匙	开启宝藏大门，游戏中用时最短获得钥匙就是最棒的
幽　灵	宝藏钥匙的守护者，非常恐怖和凶残，千万不能和它们正面交锋。但是铃铛发出的声音可以将它们引开。

绘制迷宫

01 新建项目，点击“绘制新背景”选项，绘制一个迷宫背景。

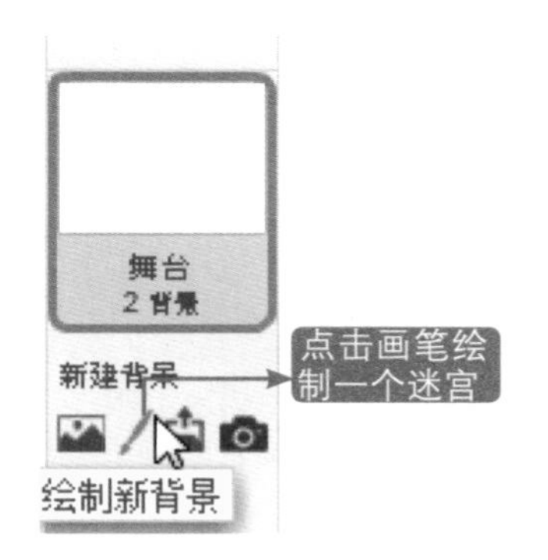

02 进入背景的绘制板，如果选择的是位图编辑模式，请选择矢量编辑模式，再开始绘制迷宫。

100%
位图模式
转换成矢量编辑模式

03 在画板上选择线段工具，挑选自己喜欢的颜色，开始创作迷宫吧。

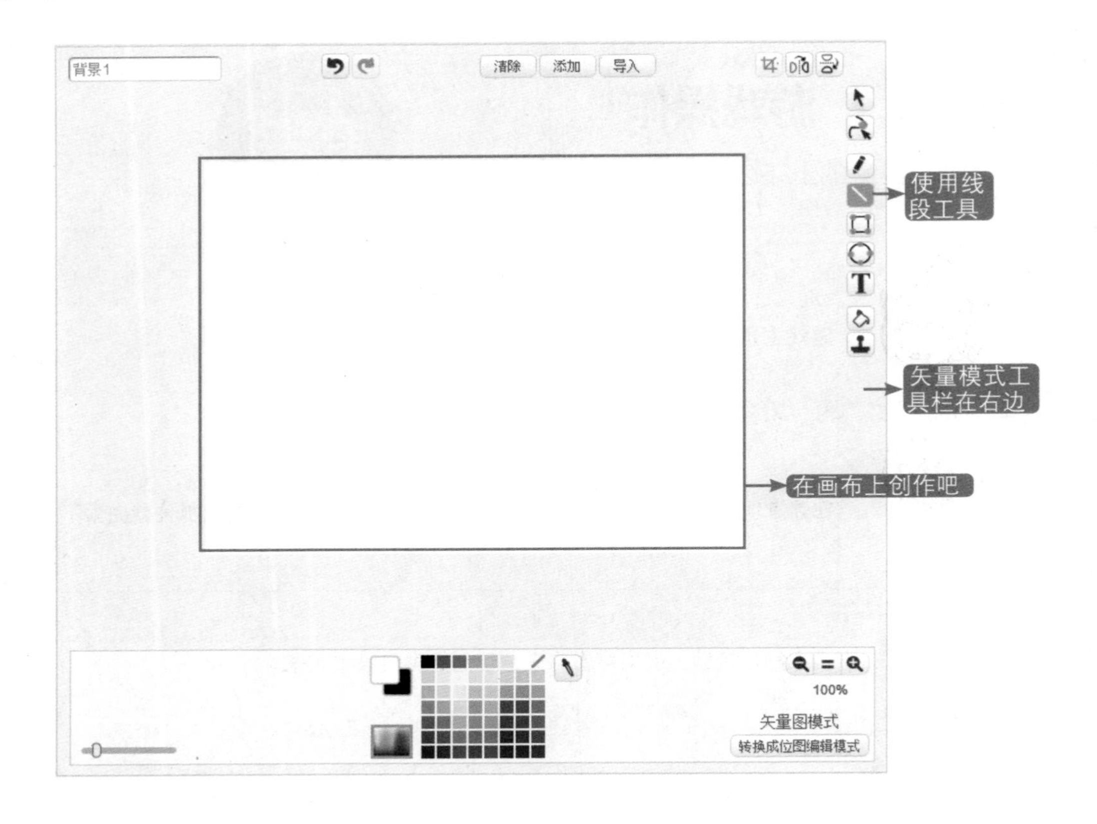

04 按住键盘上的Shift按键，保持线条的水平和垂直，然后用线段工具慢慢地、一条一条地画出迷宫地图。然后用“为颜色填充”工具给背景填充天蓝色。

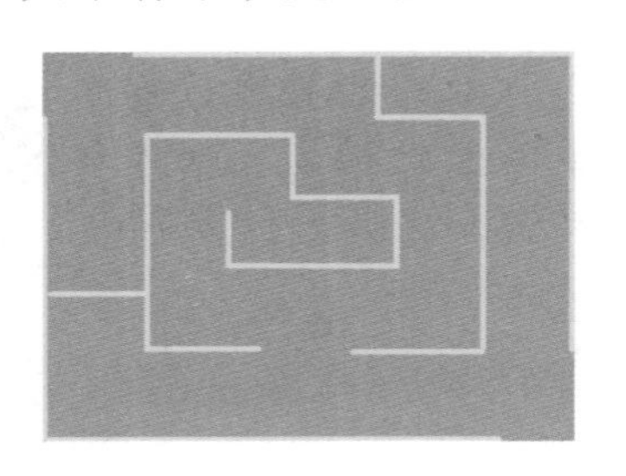

05 打开系统角色库，添加“Giga walk”角色。

06 游戏开始，设置好主角的初始状态，并且让 Giga 走起来。

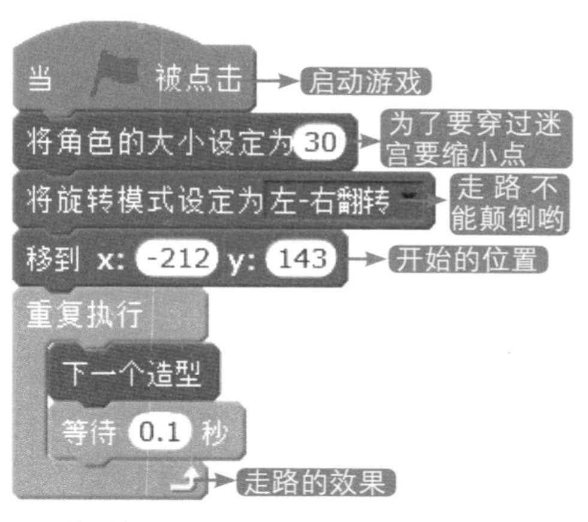

07 控制 Giga 行走，通过键盘上的上下左右按键来控制 Giga 的行走轨迹。

（1）选择对应的键盘按键。

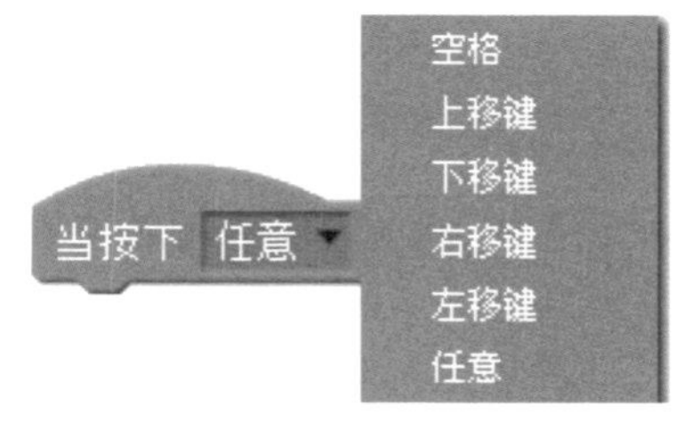

（2）行走的方向，该向右就向右，该向上就向上。

（3）按键对应好了正确的方向，接下来 Giga 只要行走就可以啦。修改移动步数，控制行走的速度。

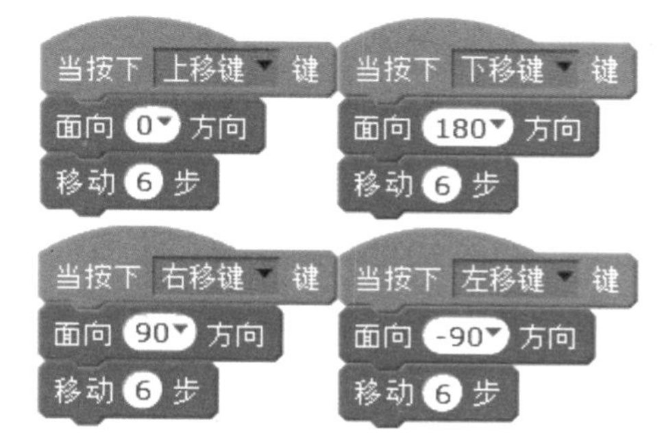

08 行走在探寻宝藏的迷宫中，一不小心就会被打回原点。迷宫的边缘黄线具备无尽的法力，所以行走中千万不要触碰到边缘黄线，否则就会被打回到起点。

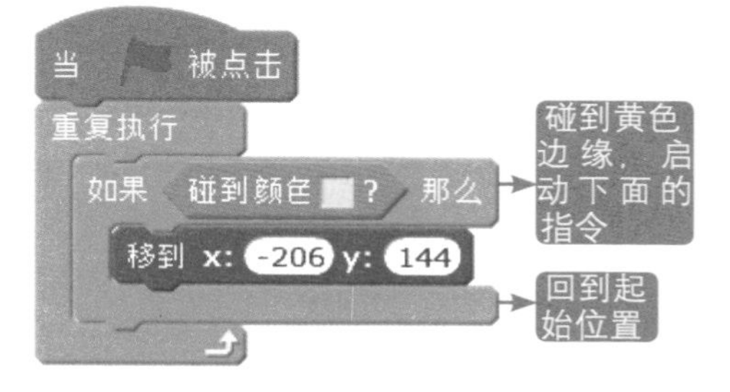

09 从角色库中添加“Bells”角色，修改名字叫作“铃铛”。

10 调节铃铛大小。

11 拖动铃铛，放在迷宫的中心位置。

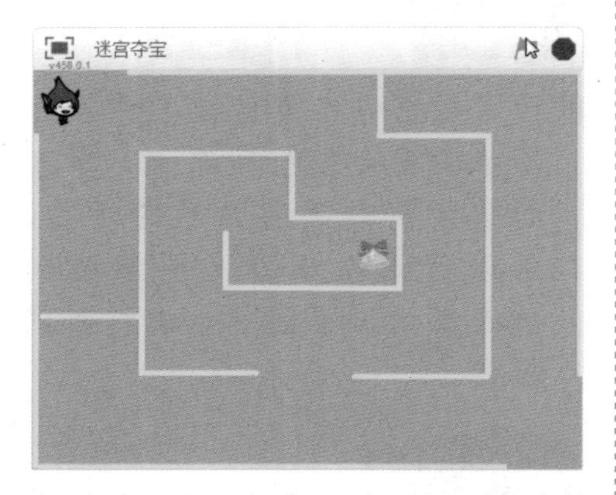

12 选中 Giga 角色，当 Giga 摇动铃铛时，铃铛发出声音。通过广播“摇铃铛”传递给幽灵。

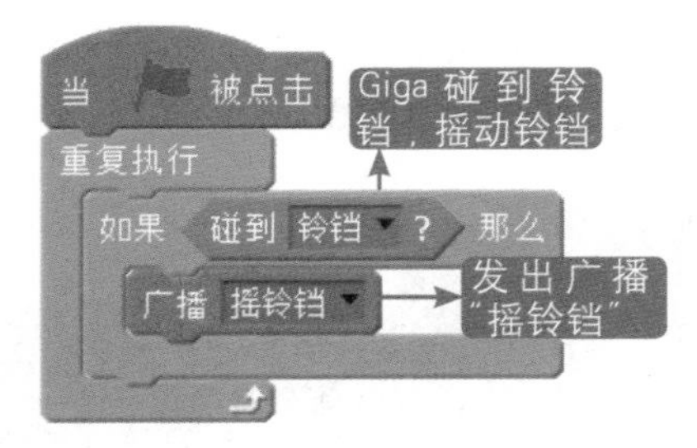

13 铃铛被摇动，发出声音。选中铃铛角色，编写播放声音脚本。

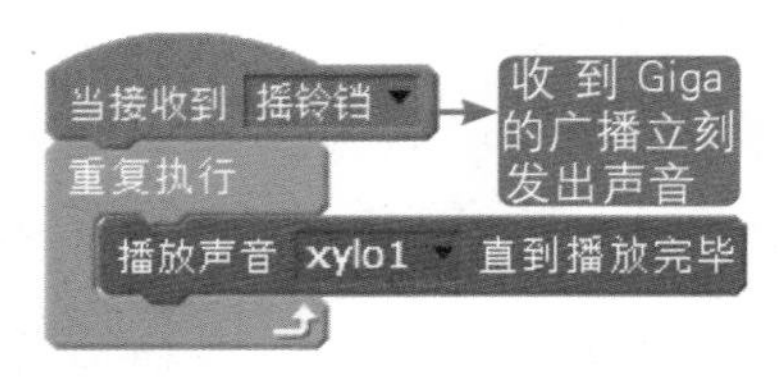

14 从角色库中添加“Key”角色，重命名为“钥匙”。

15 调节钥匙的大小，并把钥匙拖动到迷宫的出口位置，就像这样。

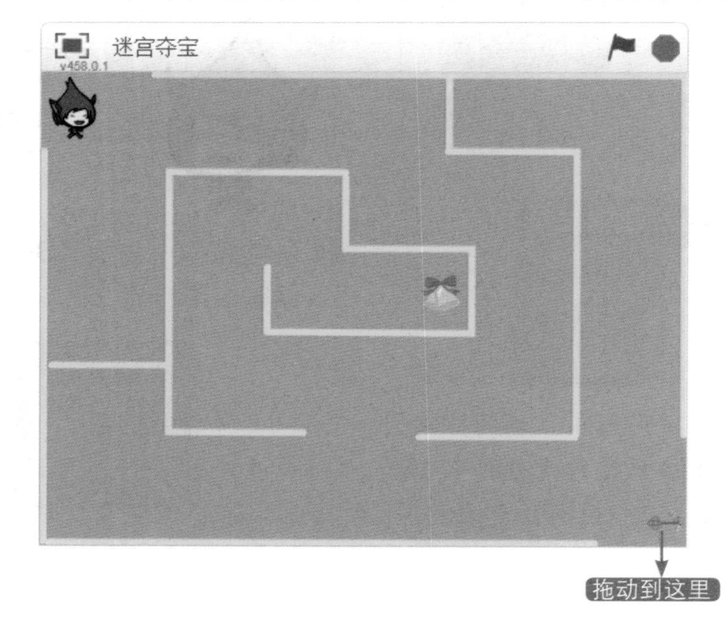

16 Giga 成功地获得了宝藏的钥匙，逃出迷宫游戏获胜。

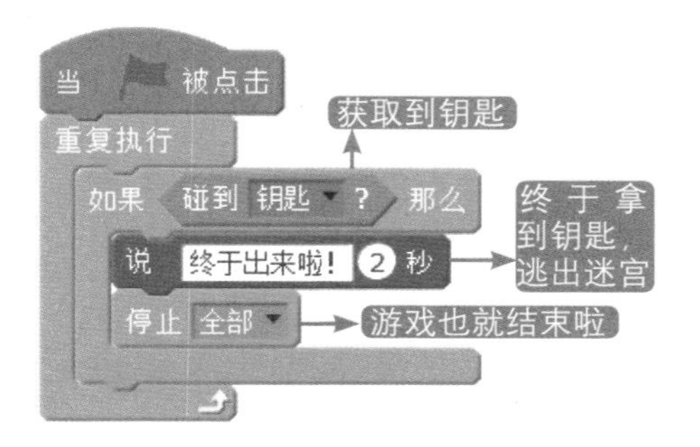

17 接下来，把敌人全部添加进来吧。添加“Ghoul”和“Ghost2”，修改名字叫作“魔鬼”和“幽灵 1”，就是巡逻的魔鬼和守护钥匙的幽灵。迷宫紧张的气氛一下子就全部起来了。

18 编写魔鬼巡逻的脚本，魔鬼开始游走前，先确定一个出发的角度方向。

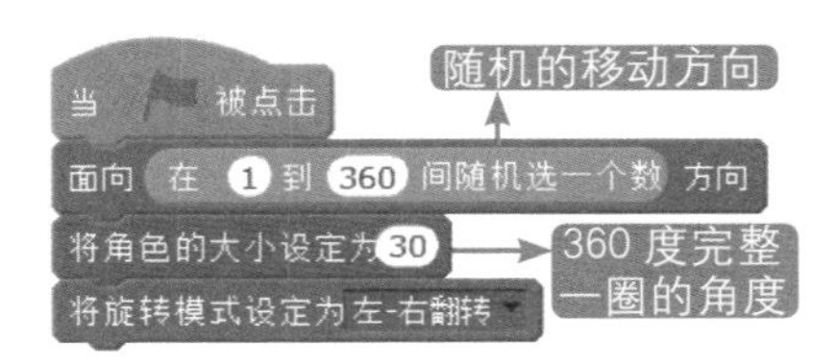

19 确定方向后，魔鬼开始变换动作游走了，为了不让魔鬼嵌入舞台边缘，植入碰到边缘就反弹程序块。

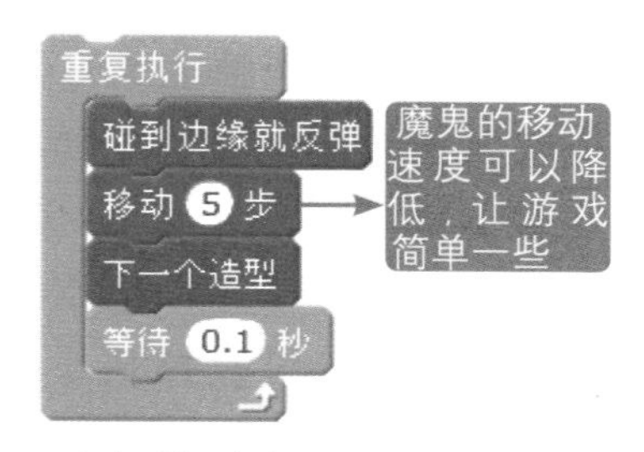

20 幽灵守护着钥匙，没有铃铛声音的诱导是不会移动的。它守护在迷宫的道路上，不停地张牙舞爪，看着还有点可怕呢。

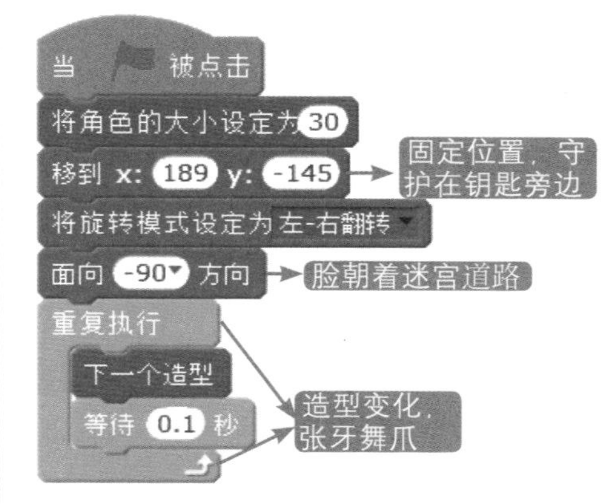

21 想要引开幽灵就必须摇响铃铛，当铃铛响起发出声音时就可以将幽灵引到铃铛的位置，这个时候 Giga 才能乘机取得钥匙。

22 一只幽灵不足以守护宝藏的钥匙，完成一只幽灵的脚本后，我们只需要复制就可以很简单地添加第二只幽灵，并且第二只幽灵和第一只幽灵拥有相同的脚本。

23 将复制出来的“幽灵 2”移动到这里，挡住获取钥匙的另一个入口。拖动“幽灵 2”所在位置的“移动 x，y 坐标”程序块，替换“幽灵 1”中的位置程序块。

24 游戏设计到这里就快要结束啦，现在魔鬼和幽灵对 Giga 都不能造成伤害。需要将敌人的攻击力伤害脚本编写完成。如果 Giga 碰到幽灵或者魔鬼，同样需要回到起点，重新开始。

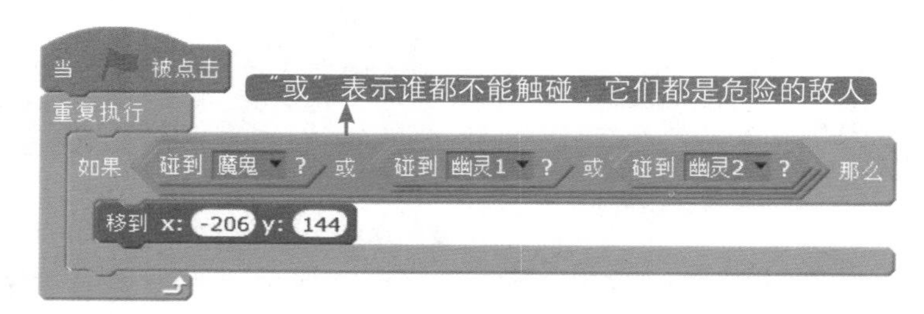

计时器

25 刺激和竞技的游戏一般都有时间的紧迫感，再添加个计时器看看谁获取钥匙用时最短，也就是夺宝小能手。创建“时间”变量，编写计时器脚本，写在背景下，因为它不属于任何一个角色。

26 点击背景，进入背景的脚本区，编写以下脚本。

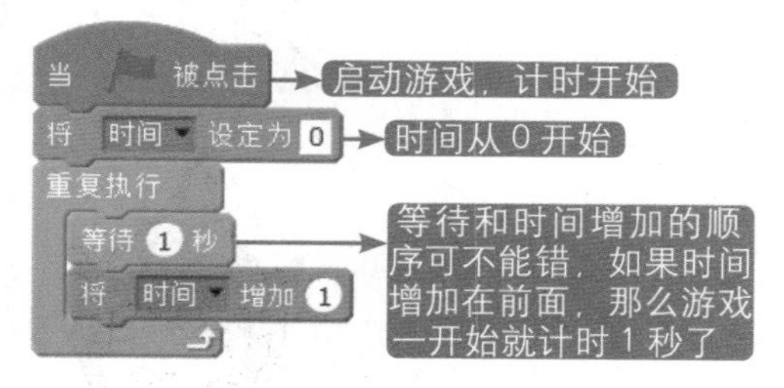

27 是不是一个很有趣的小游戏，记得保存好哟，这样才能随时展示给你的小伙伴呢。

第13章 星际争霸

猫猫侠乘坐战斗机来到了漆黑的星空，开始了一场星际争霸。想要保卫一个星球可不是一件容易的事情。看看猫猫侠是否可以自如地控制战斗机来进行射击战斗吧。

13.1 瞧一瞧是怎样的游戏

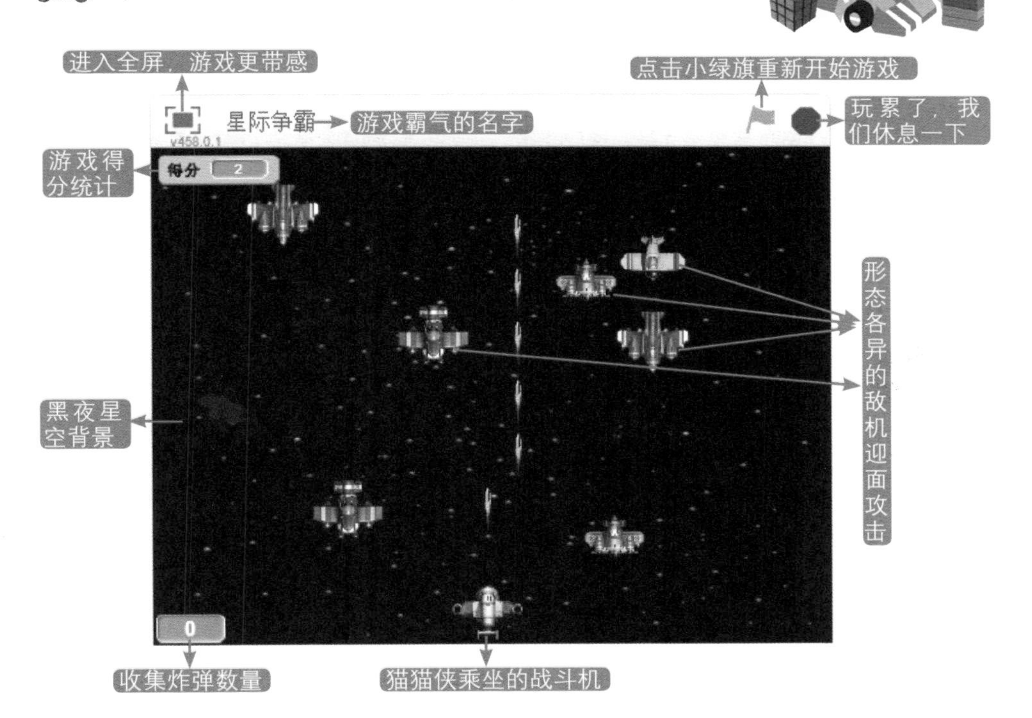

敌机一架一架地迎面袭来，不同敌机的坚硬程度可不一样。需要瞄准它们进行射击，直到击毁为止，每击毁一架敌机，就能获得得分，越是坚硬的敌机得分越高。千万不要让敌机撞击到战斗机，否则猫猫侠将会面临机毁人亡。

13.2 游戏操作

用鼠标或者电脑的触摸板来操作战斗机，还是鼠标操作更简便。

战斗机	猫猫侠乘坐的战斗机，可以跟随鼠标左右移动，并且发出炮火进行战斗
1 号敌机	敌军 1 号战斗机，朝着我们飞来，想要占领我们的星球。移动速度 3，血量 1，只需要一枚炮弹就可以击毁
2 号敌机	敌军 2 号战斗机，移动速度 2，血量 2，需要发射两枚炮弹才能击毁
3 号敌机	敌军 3 号战斗机，移动速度 1，血量 3，需要射击三枚炮弹摧毁
4 号敌机	敌军 4 号战斗机，移动速度 0.5，血量 4，需要四枚炮弹才能摧毁，不过幸好它飞行速度很慢
炸　弹	这可不是一般的炸弹，这个炸弹一旦发射，就可以摧毁星空中所有的敌机
炮　弹	战斗机的弹药，发射炮弹击毁想要侵占我们星球的敌机，炮弹是源源不断的
GAME OVER 游戏结束	当猫猫侠的战斗机被摧毁的时候，游戏结束了。用结束语告诉玩家游戏结束

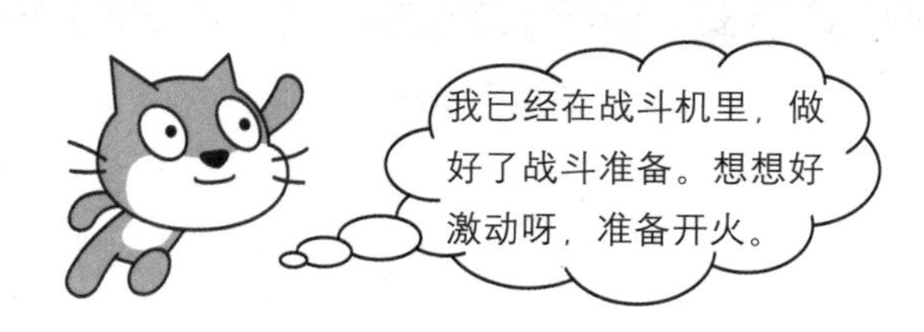

01 打开“文件”，选择“新建项目”，创建一个新游戏，添加星空背景，有十足的星际气氛。

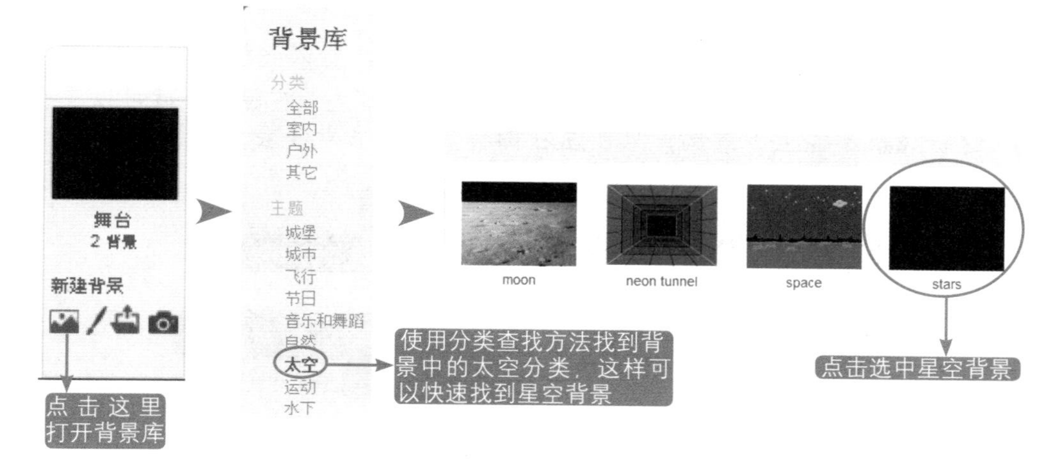

点击右下角的确认按钮就可以啦。

02 从电脑中将所需要的战斗机、敌机、炸弹、结束语角色素材添加到 Scratch 软件中。

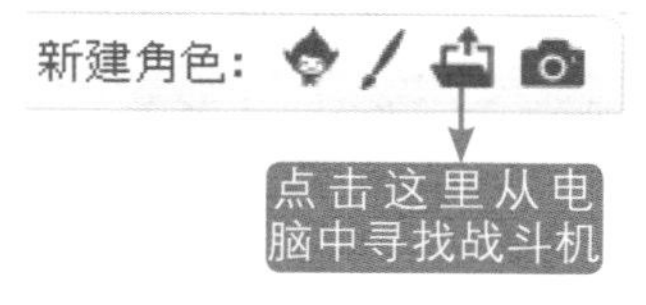

03 添加的角色素材都会出现在角色列表中。给每个角色取个对应它们的名字，就像这样。

04 在角色列表中选中战斗机角色，开始编写战斗机的脚本。

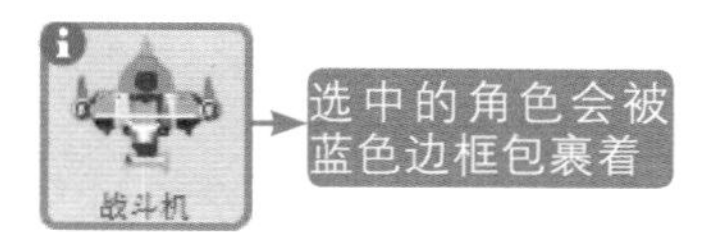

05 舞台范围有限，设定一个合适的战斗机大小，可以让游戏界面更加美观。

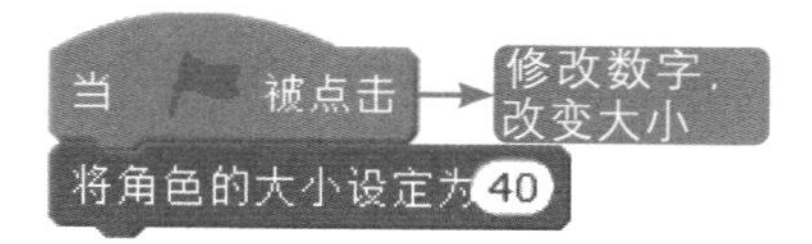

06 战斗机跟随鼠标左右移动，参加战斗。为了将让游戏更有难度，固定战斗机在星空的底部，不能上下移动。

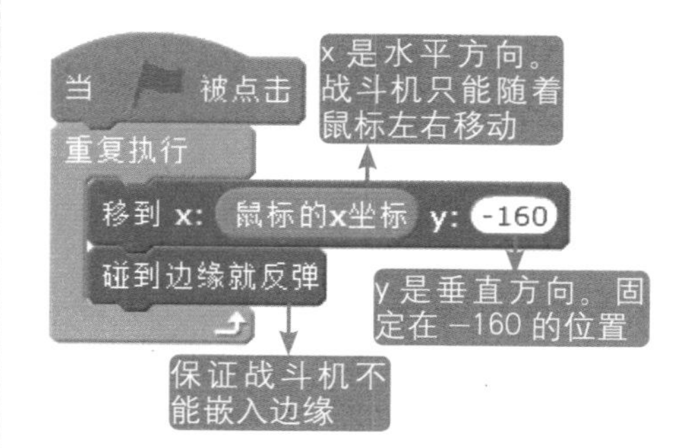

07 点击小绿旗，看看战斗机是不是可以跟随鼠标移动了。看来战斗机可以很自如地跟随鼠标移动，但是每当碰到舞台壁的时候，飞机就颠倒过来了，这是为什么呢？

08 碰到边缘后飞机反弹，方向也随着发生了变化。所以飞机翻转过来了，为了让飞机不会颠倒，拖动旋转模式，设定为“左-右翻转”就可以了，这样飞机不能上下颠倒，只能左右翻转，看上去就不会倒置了。

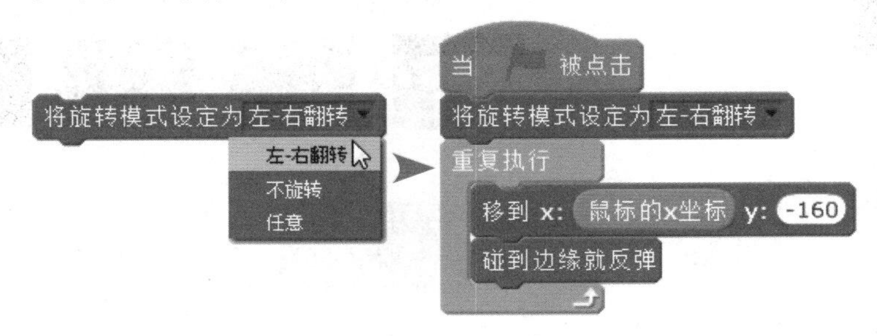

09 驾驶战斗机可不是件容易的事情，不仅要射击敌机，还要躲避它们，碰撞任何一架敌机都有坠毁的危险。一旦碰撞到敌机，游戏就会结束，广播告诉所有的角色游戏结束。

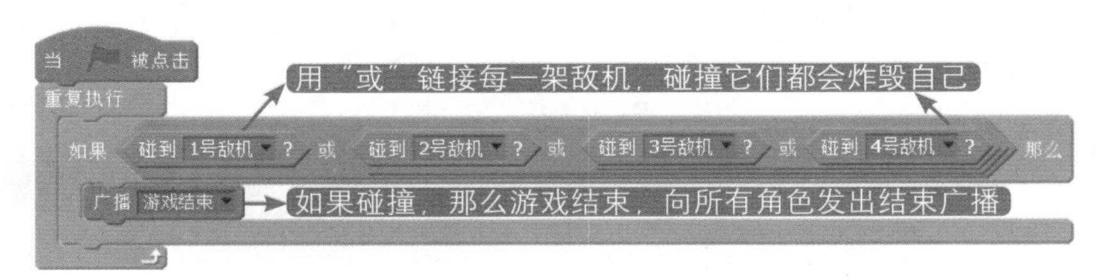

10 游戏结束后发出广播，战斗机接收到结束广播，停止移动。

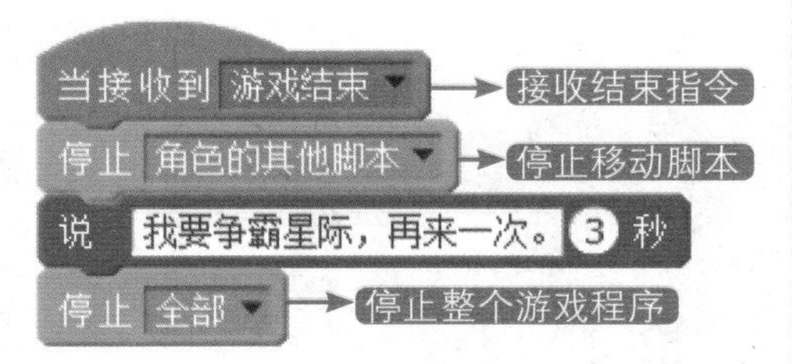

11 编写敌机脚本，从1号敌机开始，其他敌机的脚本大致相同。选中1号敌机，确定敌机初始的大小和方向，并且启动敌机不断克隆指令。

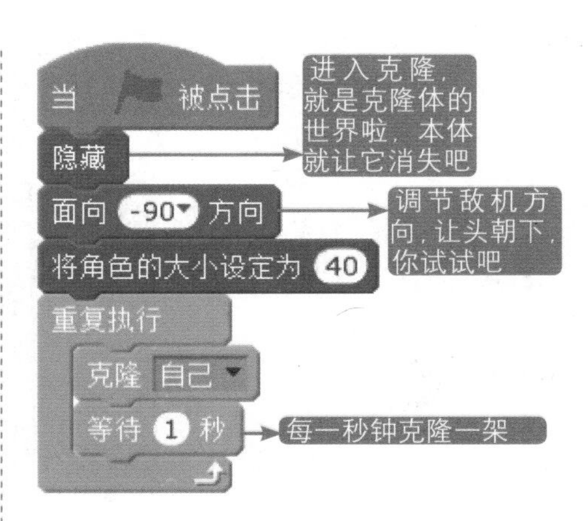

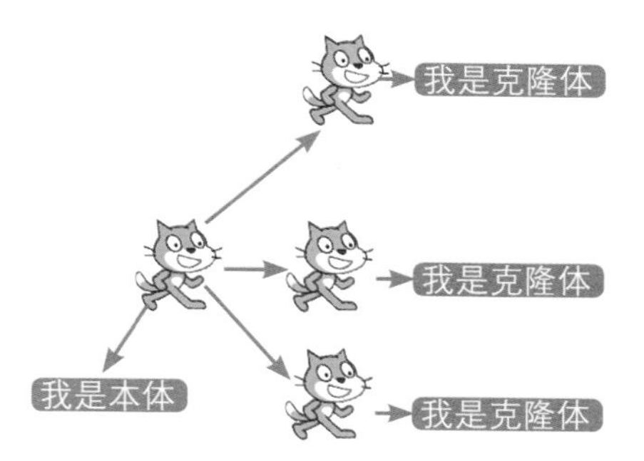

12 每架敌机都有自己的血量，它们不互相干扰。哪怕是同一个本体克隆出来的两架飞机，它们各自的血量都是自己的。

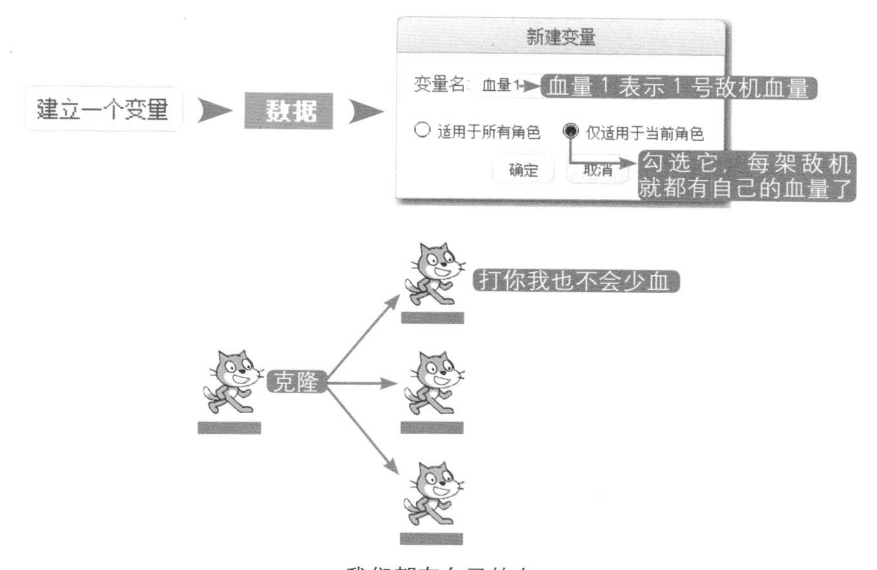

我们都有自己的血

13 敌机将会满血，虎视眈眈地冲下来。血量越少的敌机飞行速度越快，需要以最快的速度将其击毁。

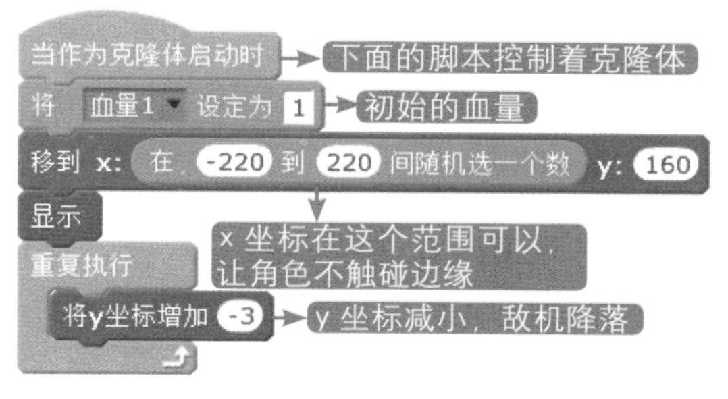

14 敌机迎面袭来，控制战斗机精准射击和巧妙躲避。敌机撞击边缘，直接坠毁，不是被你击毁的可就没有得分啦。

15 编写以下脚本判断敌机碰到边缘坠毁。

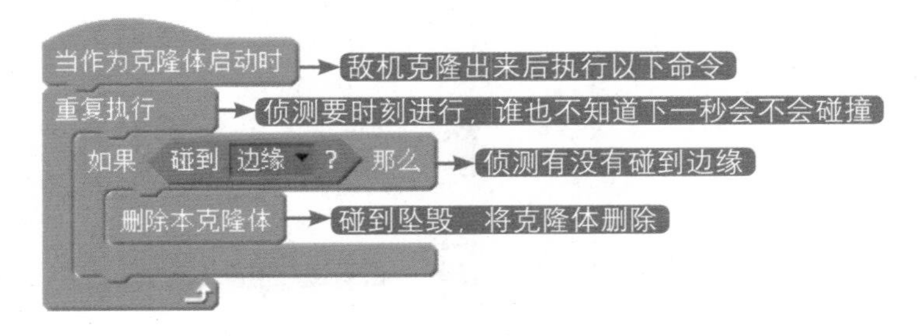

16 发射炮弹击毁敌机，瞄准射击，耗尽敌机的血量。无论敌机多么坚硬，最终将被炮弹击毁。敌机每中一枚炮弹，血量减小 1，直到敌机血量为 0，直接击毁。

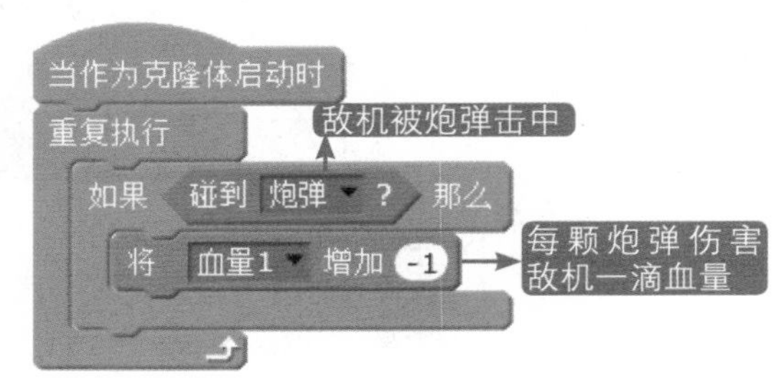

17 击毁敌机得分，这是游戏的目的，将一架架敌机击毁获得高分，是我们想要的。

18 检测敌机的血量状况，拖动 1 号敌机血量与 0 做比较。

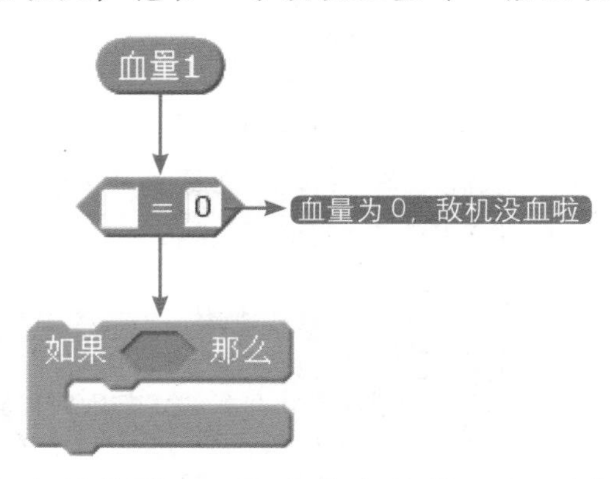

19 如果检测到敌机血量等于 0，那么恭喜获得一分，同时敌机被击毁。将克隆出来的敌机克隆体删除。

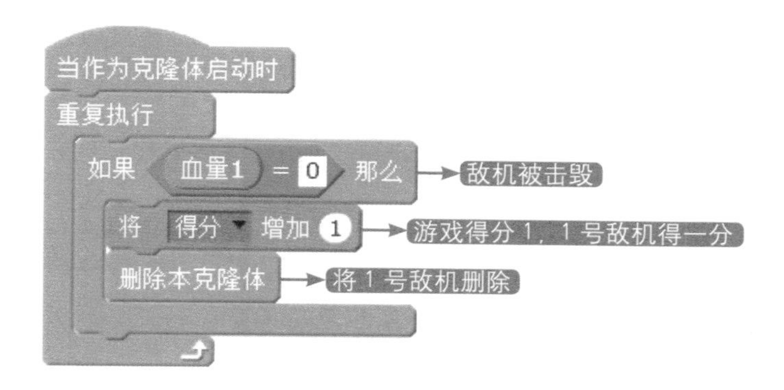

20 如果战斗机被敌机撞毁，那么游戏结束，战斗机会发出“游戏结束”的广播。所有敌机接收到该广播停止一切行动。敌机的克隆指令停止，克隆体的行动指令也将停止。

21 选中2号敌机角色，脚本必须写在对应的角色下面，可别写错位置啦。

22 敌机脚本非常相似，只是血量和飞行速度有差别，只需要稍作修改就可以了。

23 从敌机克隆模块开始，一个模块一个模块地修改。2号敌机更为坚硬，修改它克隆的速度。

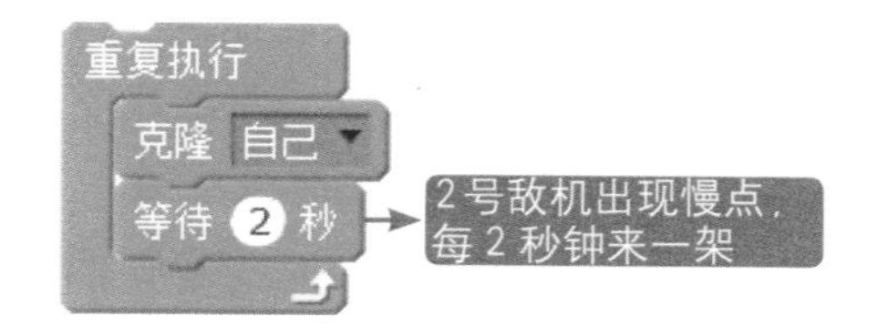

24 启动克隆2号敌机指令时，给它充满血，2号敌机要比1号敌机多出一倍的血量。创建属于2号敌机自己的血量。

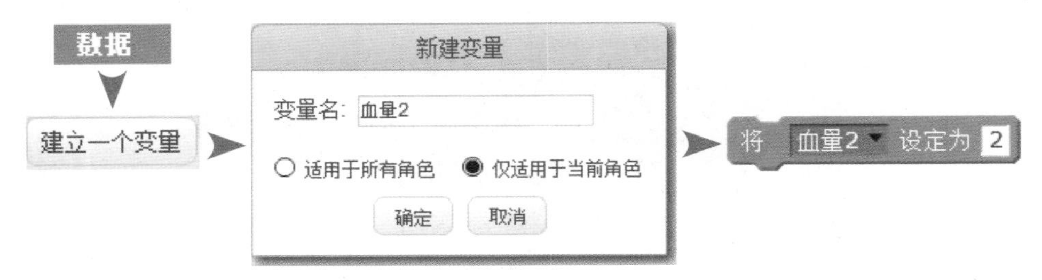

25 2号敌机中弹，记得减少2号敌机的血量。千万不要欺负1号敌机哟，别2号中弹1号掉血，这就全乱套了。

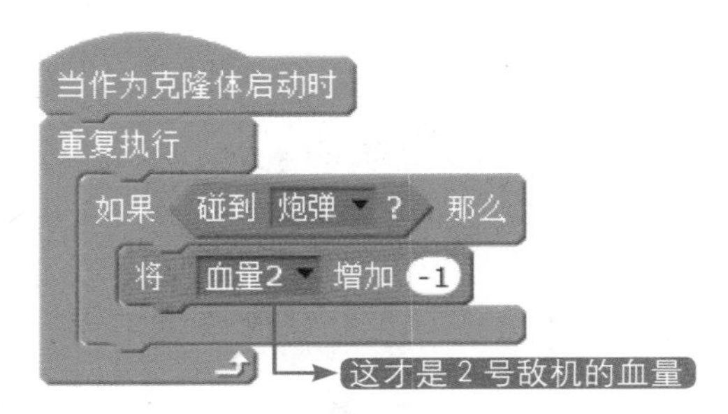

26 2号敌机需要耗费两枚炮弹，击毁它，也将获取更高的得分。

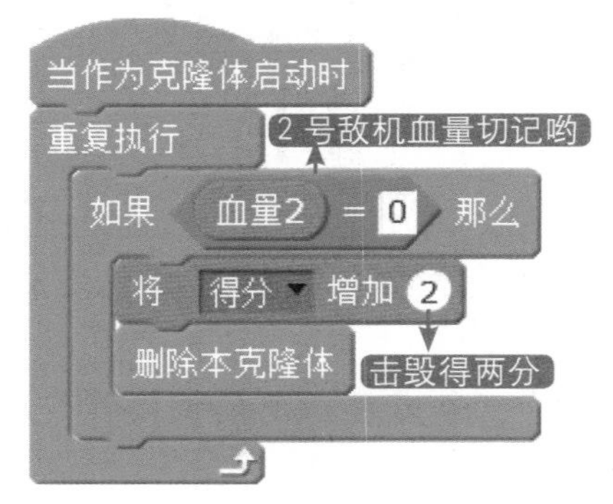

27 将完全相同的脚本、碰撞边缘和游戏结束模块从1号敌机中复制过来，节省编写代码的时间。

28 在1号敌机角色脚本中找到需要复制的程序块，点击鼠标右键，选择复制，被选中的脚本就会跟随鼠标移动。然后把它移动到2号敌机角色上，点击鼠标左键就可以了。

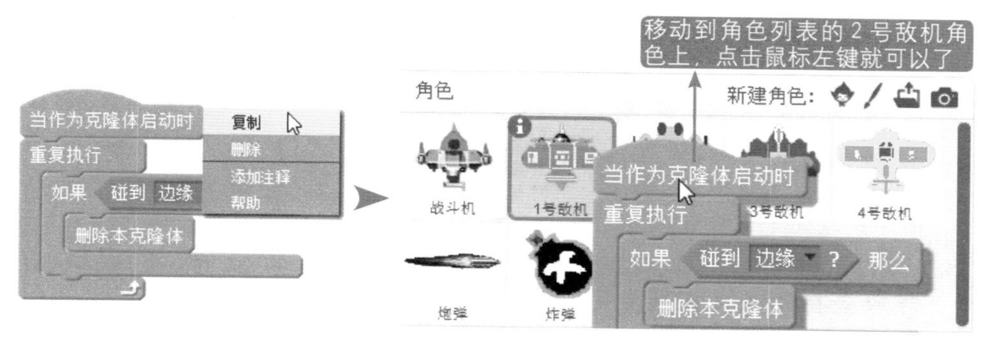

29 以同样的方法将 3 号敌机和 4 号敌机的脚本编写好，修改等待克隆的时间、它们的血量以及击毁后的得分。

30 给我们的战斗机添加炮弹，这样就会更有趣了。向敌机开始猛烈的炮火攻击。通过一个炮弹角色不断地发起克隆指令来完成射击。

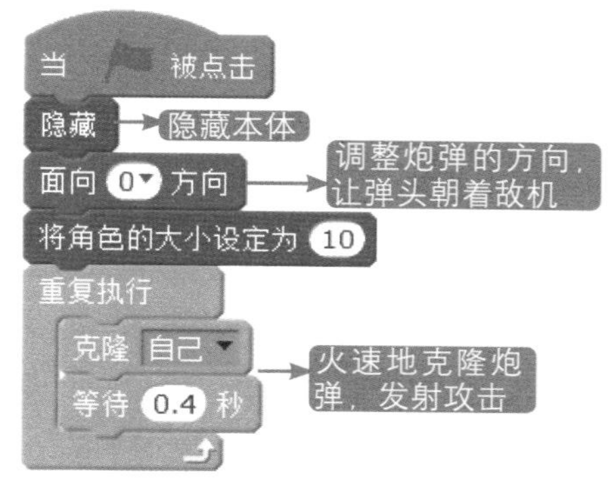

31 炮弹从战斗机中发射，调整好炮弹的发射位置，不然很容易打偏。添加战斗机和子弹角色后，它们是这样的。

32 将炮弹移动到战斗机所在的坐标位置，看看炮弹的发射位置是否合理。

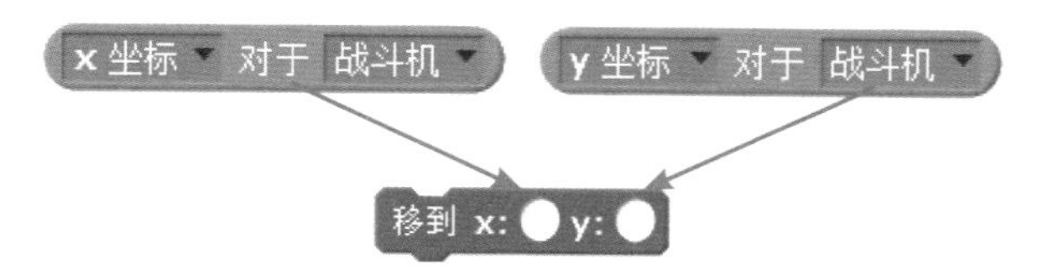

它们是这样的，炮弹叠在飞机身上了。

33 炮弹应该在战斗机头部发射，将炮弹向上移动一点。

它们是这样的，这就是想要的结果。

34 调整好炮弹的发射位置后，就可以尽情地射击了。克隆出来的炮弹不断装备到战斗机的出炮口，然后显示进行发射。本体隐藏，但是克隆体必须显示，不然就不能击毁敌机了。

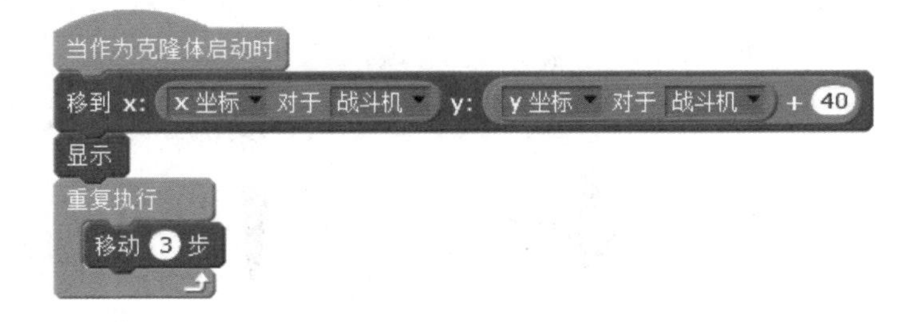

果果思考

炮弹的发射还是需要消失的，不然满屏幕都是炮弹，那么炮弹在什么情况下消失呢？

你作答

写出你认为炮弹消失的情况？

35 接下来制作炮弹消失的情况，炮弹没有击中敌机，碰到边缘后需要消失。

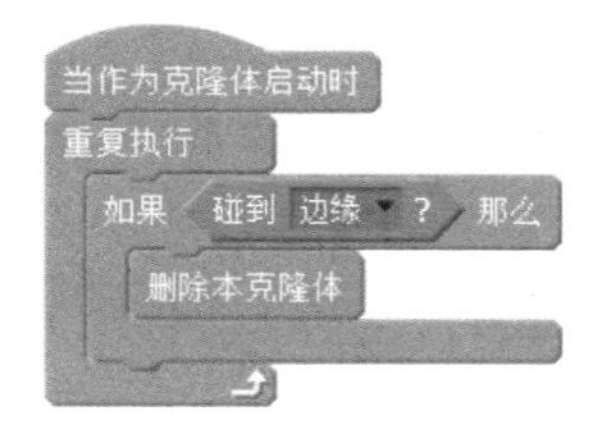

36 炮弹击中敌机，炮弹消失。炮弹碰到任何一架敌机都会消失，让敌机看到我们的厉害。

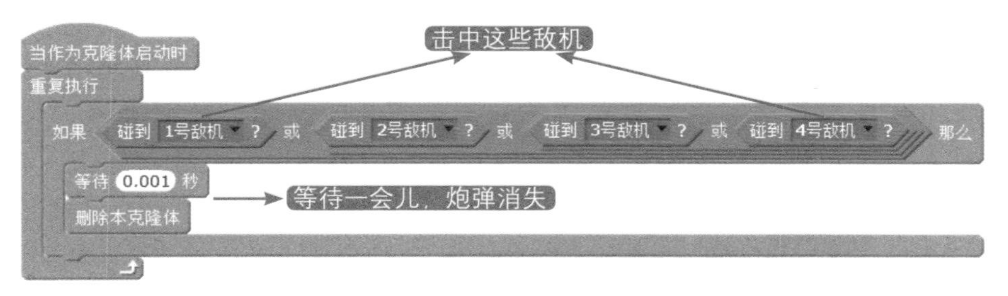

37 接收到游戏结束的广播后，停止发射炮弹。

38 选中炸弹角色，创建变量叫作“炸弹数量”，用来统计战斗机收集装备的炸弹数量。

39 游戏开始，炸弹隐藏不降落，炸弹数量也归零。

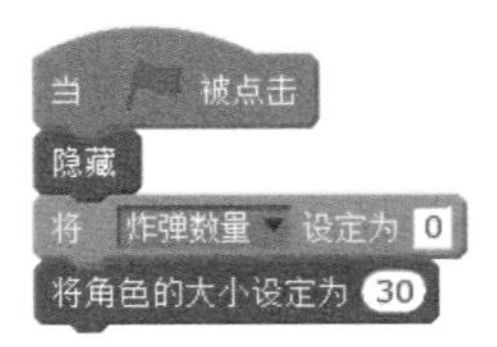

40 炸弹是宝贵的资源，可不能随便就降落了。必须让玩家好好等待，这样才会珍惜。炸弹从舞台上方随机的位置落下。捡到这颗炸弹可不得了哟，它可以一次将所有敌机炸毁。

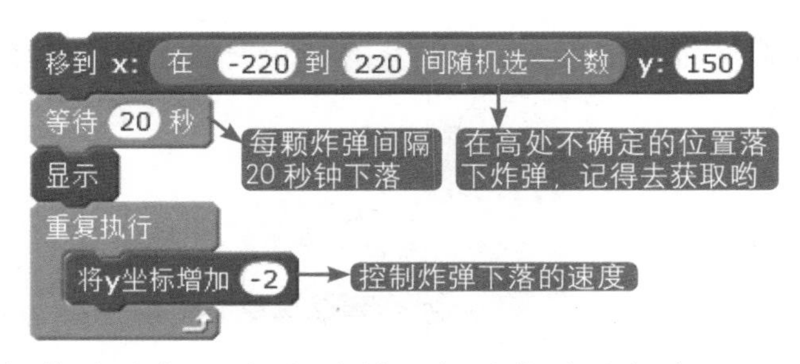

41 炸弹可以拯救战斗机于危难时刻，如果你被敌机包围了，这个时候发射炸弹就可以将它们全部炸毁。所以看到炸弹下落，一定要想办法收集它。每捡到一颗炸弹，炸弹数量就多一，多多益善。脚本编写可是有顺序的哟，炸弹碰到飞机，炸弹才会消失。消失后，炸弹数量增加一。炸弹会再次移动到下次要降落的位置，但是不显示，等到降落的时间到了，才会显示并且开始下落。

```
当 🏴 被点击
重复执行
  如果 碰到 战斗机 ? 那么        ← 用战斗机去触碰炸弹
    隐藏                          → 炸弹隐藏，就是被战斗机装到弹药库了
    将 炸弹数量 增加 1            → 弹药库多了一个炸弹
    移到 x: 在 -220 到 220 间随机选一个数 y: 150   → 炸弹回到舞台高处，准备第二次降落
    等待 20 秒
    显示                          → 停留 20 秒钟，再次降落炸弹
```

42 如果错过了炸弹，那真是太可惜了，炸弹在接触到舞台底部边缘的时候就消失了。有点像西游记中的人参果，一碰到地面就没有了。同样，炸弹碰到边缘消失，移动到下次降落的位置，过了20秒后重新降落。

```
当 🏴 被点击
重复执行
  如果 碰到 边缘 ? 那么
    隐藏
    移到 x: 在 -220 到 220 间随机选一个数 y: 150
    等待 20 秒
    显示
```

43 收集了很多炸弹，怎么发射呢？总不可能放在弹药库里炸自己吧。按下空格键向敌机发射威武有力的炸弹吧。发射前请先检查弹药库有没有炸弹，空包弹敌机可不害怕呢。

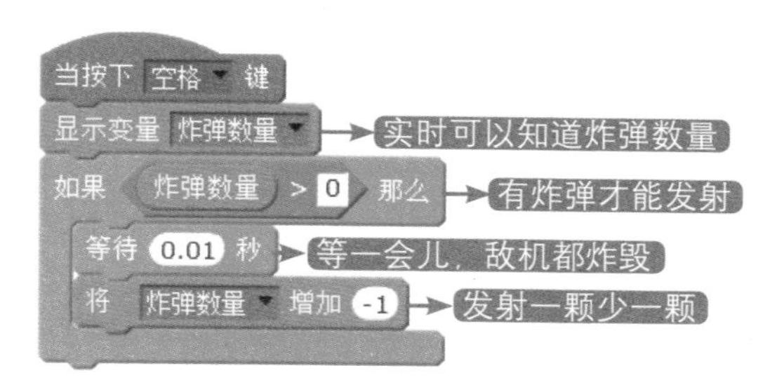

44 发射了炸弹，敌机如何坠毁呢？看看脚本如何编写，其实和炸弹发射是一样的。只有按下空格键并且成功发射了炸弹，敌机的克隆体才会全部坠毁。给每个敌机添加以下脚本，炸弹发射，炸毁全屏幕的敌机。

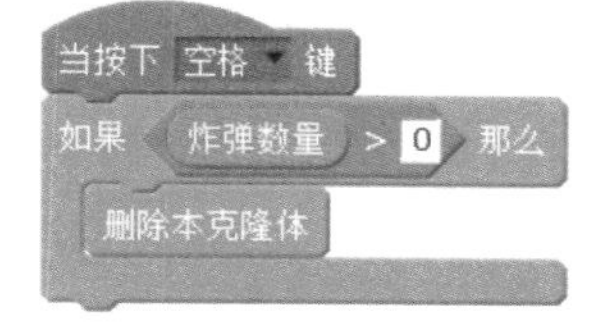

45 回到炸弹角色，添加游戏结束代码。接收游戏结束广播，停止程序。

46 游戏就要完工了，给游戏添加一个结束标语，选中“game over”角色。在点击小绿旗启动游戏的时候，那时候游戏还没结束，所以将游戏标语隐藏起来，等到接收到结束广播再显示出来。

47 游戏开始，“game over”角色隐藏。

48 游戏结束，“game over”角色显示。

49 你还可以给游戏增添很多音乐效果，比如背景音乐、炮弹发射音乐、飞机坠毁音乐等。让游戏更有趣，留给你去思考啦。

50 这个星际属不属于你就看你的得分了，记得保存游戏，取个名字叫作“星际争霸”。

坦克大战

穿上战甲，进入坦克，来一场坦克对战吧。这是一个刺激有趣的双人对战游戏。在游戏中，你需要收集弹药，同时还要向对手发出攻击。这里和之前的游戏可不一样，在这里，你的对手不是电脑，而是和你一样的游戏玩家。邀请你的小伙伴一起来决战吧。

14.1 瞧一瞧是怎样的游戏

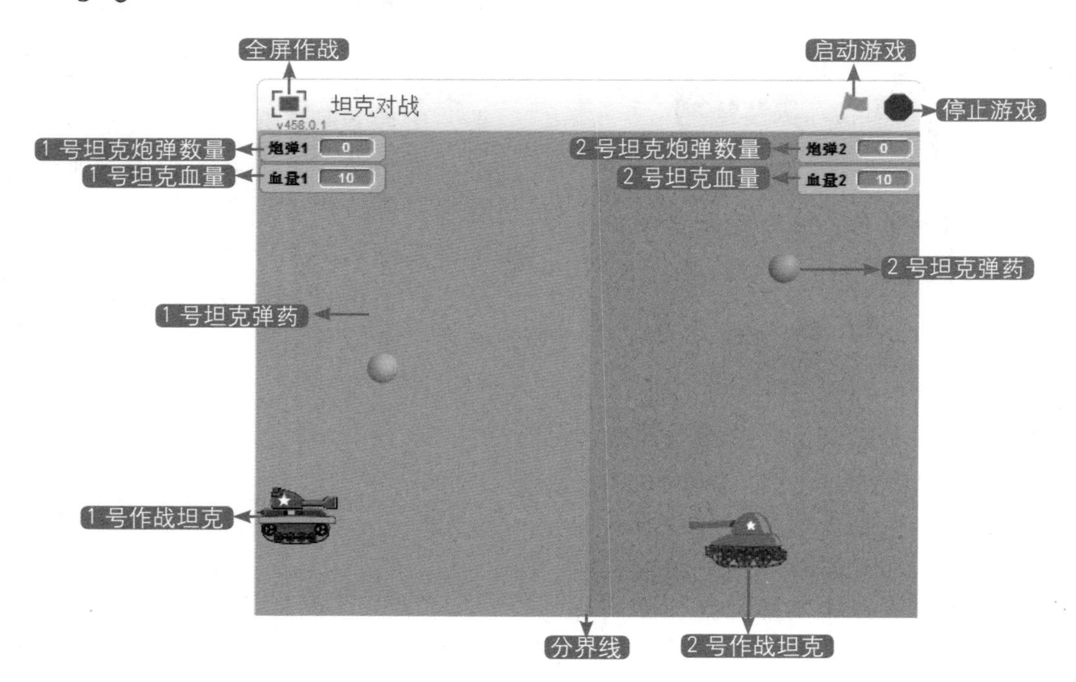

 14.2 游戏操作

这是一个双人对战游戏，需要使用键盘中的上下左右按键和 AWSD 按键，各自控制自己的坦克进行对战。

1 号坦克	行驶在边界的左边，由 AWSD 按键控制移动，由 G 按键控制炮弹的发射
2 号坦克	行驶在边界的右边，由上下左右按键控制移动，由 L 按键控制炮弹的发射
炮弹 1	给 1 号坦克补给弹药，同时还担任着炮弹发射职责，通过克隆体向敌方发起攻击
炮弹 2	给 2 号坦克补给弹药，同时还担任着炮弹发射职责，通过克隆体向敌方发起攻击

创建战场

01 打开“文件”，选择“新建项目”选项，创建一个新游戏。使用背景的绘制工具创建一个对战战场。

02 进入背景绘制画板，在位图模式下选择画笔工具，选择橘黄色作为中心线。在背景板的中间位置画上分界线，这个时候需要你用眼力来判断哪里是中心位置。

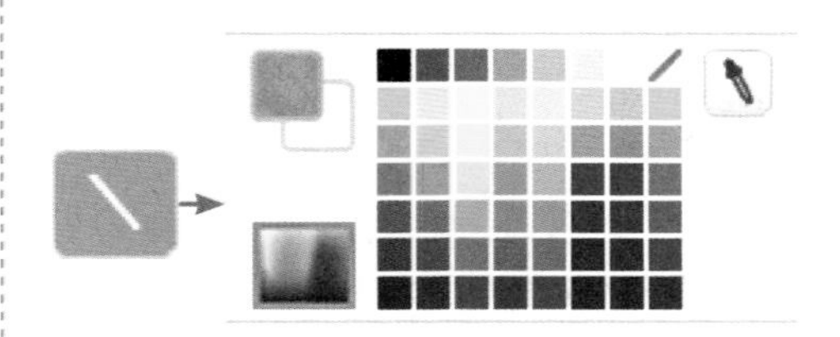

03 将分界线两边的战场填充上不同的颜色以区分开来。

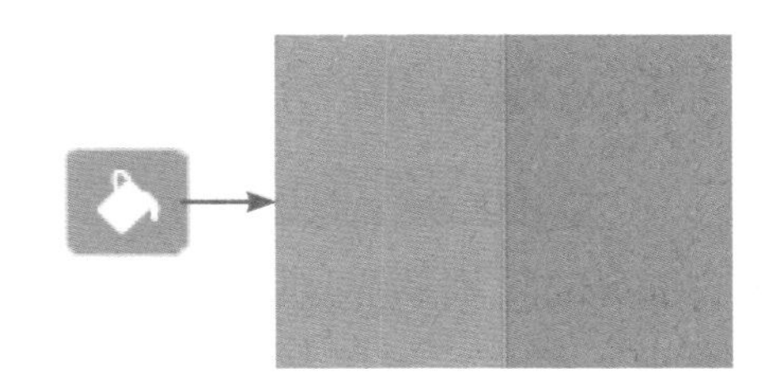

04 点击新建角色，从电脑中将坦克1和坦克2角色添加到Scratch软件中。

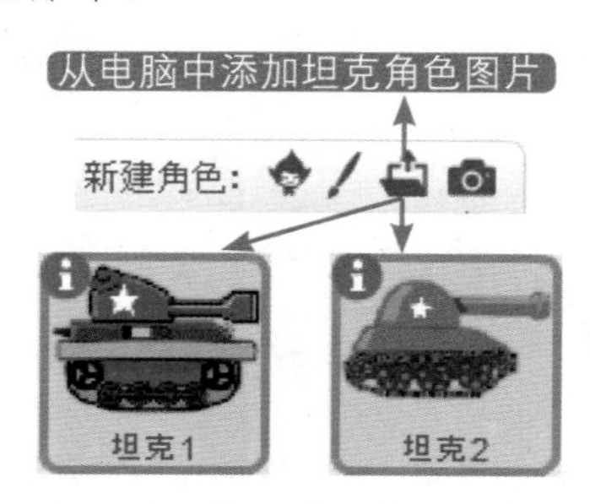

05 分别选中“坦克1”角色和“坦克2”角色，打开造型标签页，给两个角色添加坦克爆炸效果造型。

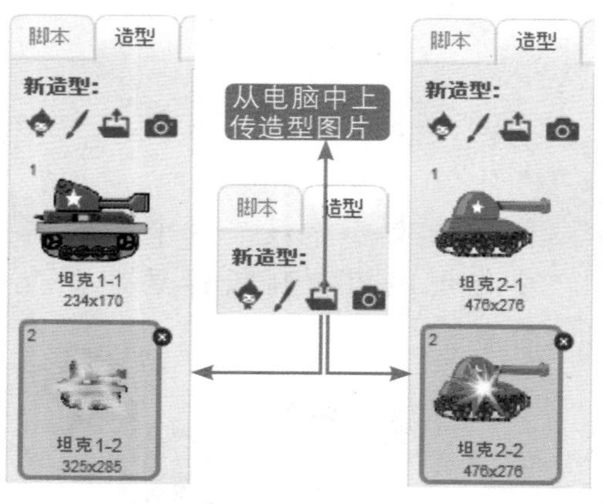

06 选中“坦克1”角色，设置“坦克1”的血量为10，这就意味着如果中弹10颗，坦克将会炸毁。新建变量，命名为“血量1”，设定初始值为10。一开始，“坦克1”角色的血量为10，为满血状态。

将 血量1 设定为 10

07 “坦克1”角色的初始状态包括大小、血量、方向和旋转模式。

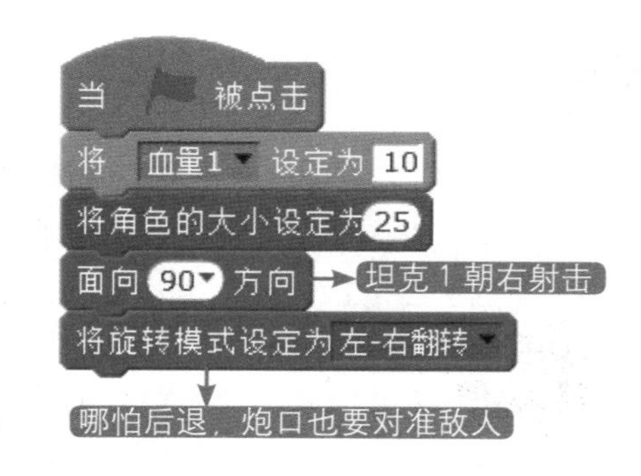

先进的移动控制

08 1号坦克在初始状态设置完毕后，进入一级戒备状态。启动控制模式，为了让1号坦克可以自如地移动，并且可以以任意角度移动，同时不受2号坦克移动的影响，我们采用更先进的移动脚本。

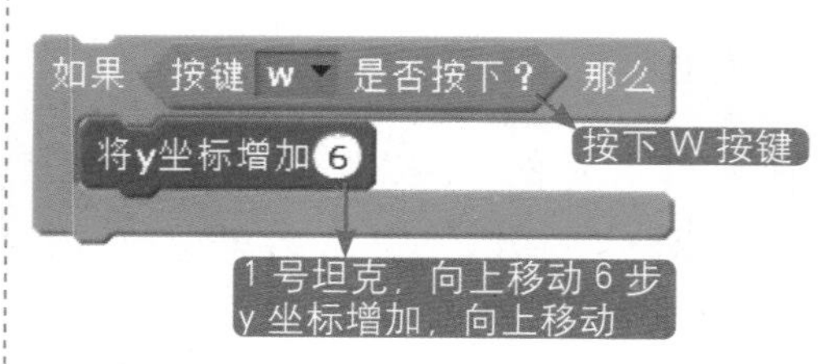

09 完成坦克上下左右移动控制操作脚本。

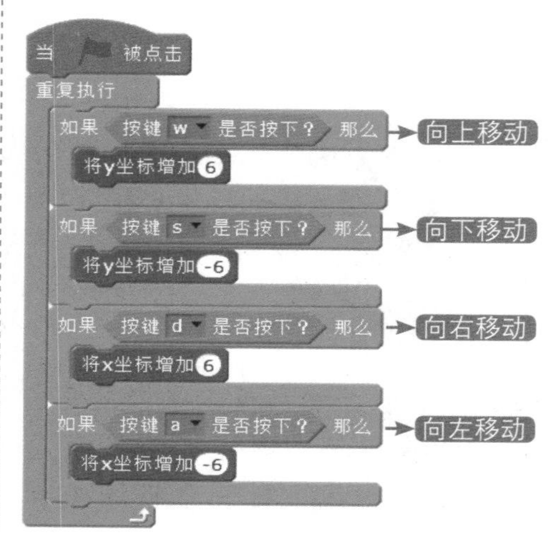

10 1号坦克移动过程中，经常会嵌入舞台中，这个时候使用“碰到边缘就反弹”程序块解决问题。

碰到边缘就反弹

11 程序组合的样子。

12 坦克不能越过边界，如果坦克碰到了边界，就需要后退，不能越过。

果果思考

1号坦克在什么时候会触碰边界呢？遇到这个情况要怎么处理呢？

你作答

制作你认为可以解决的方案，并通过程序来验证。

13 边界在1号坦克的右边，就是1号坦克在向右移动的时候将会触碰边界。这个时候后退即可，向右移动是x坐标增加，那么后退就是x坐标减小，前进了几步，就要后退几步，这样看上去就没有移动，不会穿越边界了。触碰边界的判断要时刻进行着，所以将判断程序块嵌入重复执行中。

14 程序组合的样子。

```
当 被点击
重复执行
  如果 碰到颜色 ? 那么
    将x坐标增加 -6
```

15 坦克何时炸毁呢？当1号坦克血量为0的时候，炸毁坦克。从血量10到血量0，1号坦克需要中弹10颗。坦克血量为0时，造型变成炸毁状态，游戏结束。

```
当 被点击
重复执行
  如果 血量1 = 0 那么
    将造型切换为 坦克1-2
    停止 全部
```

16 选择2号坦克，设定初始状态。

```
当 被点击
将 血量2 设定为 10        → 设置血量
将角色的大小设定为 15      → 调节大小
面向 -90 方向             → 坦克朝左发射炮弹
将旋转模式设定为 左-右翻转
```

17 2如果号坦克中了1号坦克10颗炮弹，就进入炸毁状态，将造型切换成炸毁状态。

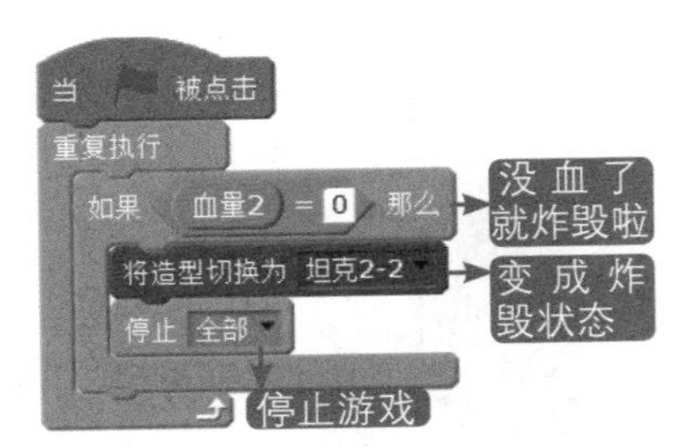

18 2号坦克通过上下左右按键移动，2号坦克从右边向左移动，触碰边界。

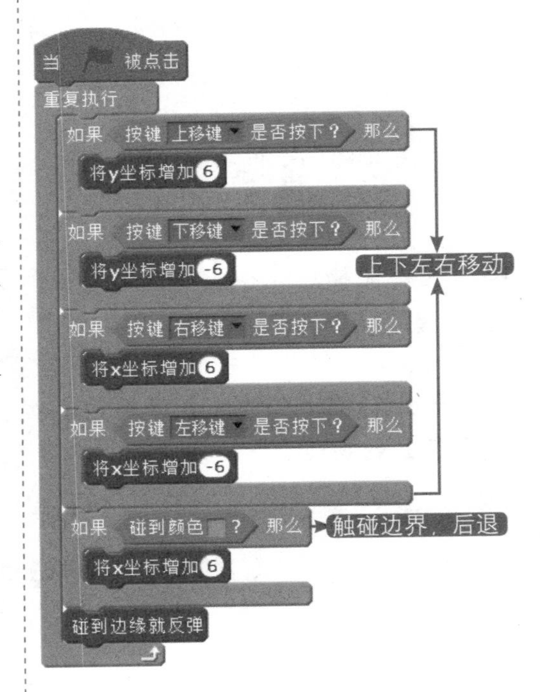

果果思考

为什么 1 号坦克通过 WASD 按键控制移动，2 号坦克通过上下左右按键控制呢？
这与坦克位置和键盘按键位置有关系吗？想想如果换一下，游戏体验会有什么变化？

你作答

将你的想法写下来，然后编写脚本尝试看看。

19 从角色库中添加两个“Ball”角色，重命名为“炮弹 1”和“炮弹 2”。

20 选中“炮弹 1”角色，这里的炮弹可厉害了，不仅要充当补给弹药的工作，还要作为发射的炮弹。“炮弹 1”角色本体用来给 1 号坦克补充弹药，之前使用克隆体的时候，本体都是哪凉快哪呆着（隐藏）。但是这里的炮弹本体也充分发挥了它的本领。

21 新建变量“炮弹 1”，统计 1 号坦克收集了多少弹药。游戏开始，1 号坦克轻装上场，没有装备弹药，需要在游戏过程中收集弹药，用来战斗。

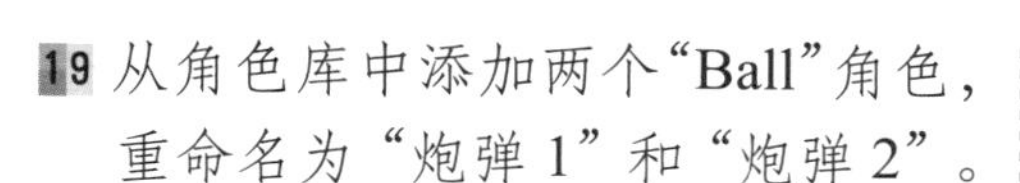

22 在“炮弹 1”角色的造型中选择一个蓝色造型，作为 1 号坦克的炮弹。不同颜色的炮弹方便两辆坦克辨别。再将炮弹本体的大小调节到适合屏幕的大小。

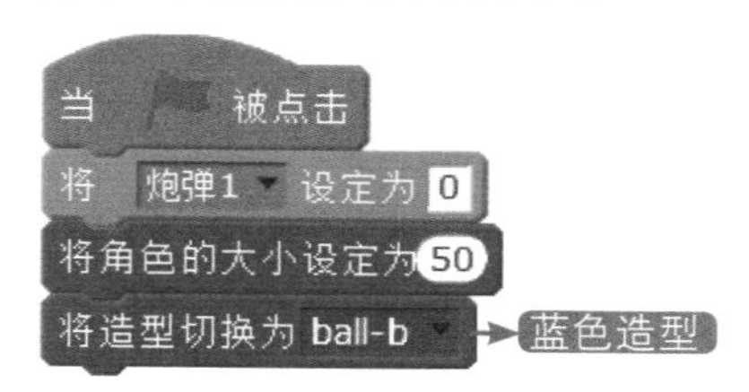

23 将“炮弹 1”角色移动到边界的左半部分，1 号坦克不能越过边界，所以它只能收集左半部分的弹药。

收集弹药

24 1 号坦克收集到弹药，收集一次弹药只能发射一枚炮弹。每收集一次弹药，坦克装备的炮弹数量就会增加 1。

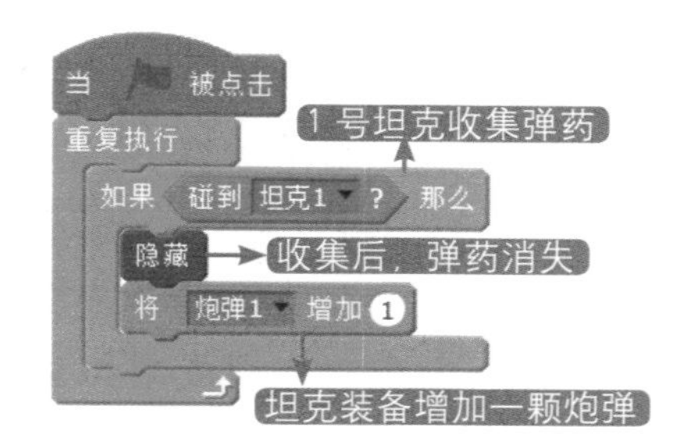

25 炮弹被收集后，弹药本体就隐藏了。游戏一开始，炮弹本体需要显示出来，给“炮弹 1”角色的初始状态添加显示脚本。

26 坦克需要源源不断地补给弹药，不能一场战役就发射一枚炮弹。炮弹消失后，需要再次出现，那么出现在哪里呢？必须出现在 1 号坦克可以收集的地方，就是战场的左半边。

27 左半边的坐标位置，x 坐标为 -240~0，y 坐标为 -180~180。为了保证炮弹不嵌入舞台中，我们将范围缩小点。

```
移到 x: 在 -220 到 0 间随机选一个数 y: 在 -150 到 150 间随机选一个数
```

28 弹药每次被坦克收集，等待 2 秒钟，再出现在战场上。弹药在战场上不断被收集，然后出现在战场的其他地方。

```
当 [绿旗] 被点击
重复执行
  如果 碰到 坦克1 ? 那么
    隐藏
    将 炮弹1 增加 1
    等待 2 秒
    移到 x: 在 -220 到 0 间随机选一个数 y: 在 -150 到 150 间随机选一个数
    显示
```

29 炮弹的另一项功能是发射，通过键盘上的按键 G 启动炮弹发射。发射的前提是坦克装备了弹药，所以要先检查是否有储存弹药。

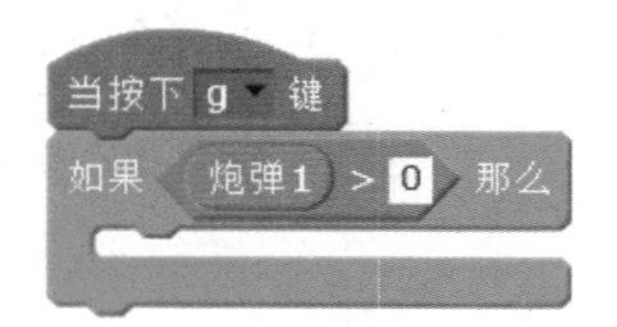

30 如果弹药充足，即可发射炮弹，每次发射一枚炮弹。

```
当按下 g 键
如果 炮弹1 > 0 那么
  将 炮弹1 增加 -1  → 每发射一枚，就减少一枚
  克隆 自己  → 炮弹克隆发射
```

31 炮弹是从坦克的炮筒发射出去的，将炮弹克隆体的位置移动到炮筒的位置。先将炮弹移动到坦克的位置，然后通过增加或者减小坐标值将炮弹调整到坦克炮筒的位置发射。需要你多多尝试。

32 以 10 步的移动速度向前方发射炮弹。

33 如果发射的炮弹没有击中对方坦克，就会碰到舞台边缘消失，浪费一枚炮弹。炮弹宝贵，瞄准了再发射。

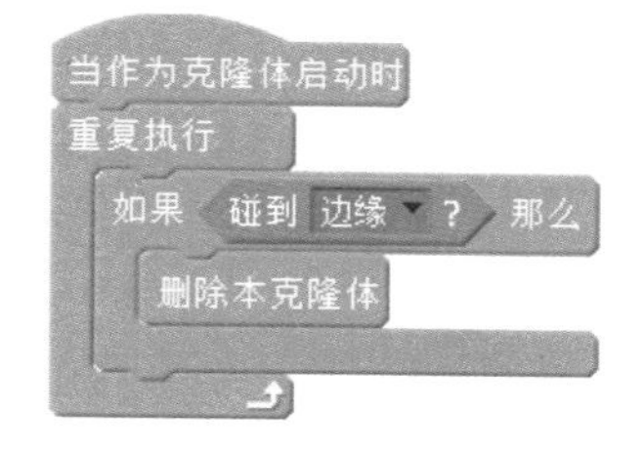

34 要是击中了敌方坦克，那真是太好了，敌方坦克血量减少 1。克隆体已经尽责了，将它删除。击中的是敌方坦克，所以碰到坦克 2，血量也是减少敌方的哟，别将自己的血量减少了。

```
当作为克隆体启动时
重复执行
    如果 碰到 坦克2 ? 那么
        将 血量2 增加 -1
        删除本克隆体
```

35 选中“炮弹 2”角色，编写和“炮弹 1”角色同样的脚本。

36 为了区分两个炮弹，将“炮弹 2”角色的造型切换成绿色。

```
将造型切换为 ball-d
```

37 “炮弹 2”角色初始状态脚本。

```
当 🏴 被点击
将 炮弹2 设定为 0
将角色的大小设定为 50
将造型切换为 ball-d
显示
```

38 弹药被2号坦克收集，变量“炮弹2”增加1，弹药再出现在战场的右半边。

```
当 🏴 被点击
重复执行
  如果 碰到 坦克2 ? 那么
    隐藏
    将 炮弹2 增加 1
    等待 2 秒
    移到 x: 在 0 到 220 间随机选一个数 y: 在 -150 到 150 间随机选一个数
    显示
```

39 按下“L”按键，启动克隆体发射炮弹。发射的是炮弹 2，所以变量都需要修改成炮弹 2。

```
当按下 l 键
如果 炮弹2 > 0 那么
  将 炮弹2 增加 -1
  克隆 自己
```

40 发射炮弹的初始位置设定到 2 号坦克的炮筒，从右向左发射，x 坐标不断减小。

```
当作为克隆体启动时
移到 x: x 坐标 对于 坦克2 + -30 y: y 坐标 对于 坦克2 + 10
将角色的大小设定为 30
显示
重复执行
  将x坐标增加 -10
```

41 炮弹打空，没有击中敌方坦克，碰到舞台边缘消失。

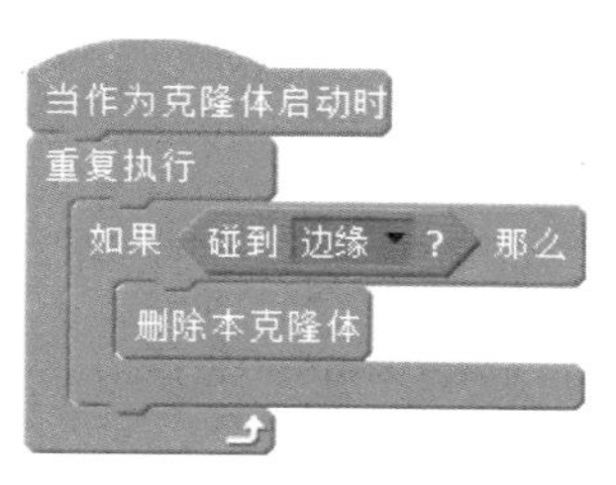

42 击中 1 号坦克，1 号坦克血量减少 1。

```
当作为克隆体启动时
重复执行
  如果 碰到 坦克1 ? 那么
    将 血量1 增加 -1
    删除本克隆体
```

43 在一场竞技后发现，坦克切换成炸毁模式后，游戏开始不会再变成满血状态。

将两架坦克的初始造型添加到初始状态中。

```
将造型切换为 坦克1-1        将造型切换为 坦克2-1
```

44 真是一个有趣的游戏，邀请爸爸、妈妈或者小伙伴一起来比赛吧，收集炸弹，瞄准后发射炮弹。记得保存游戏，取个名字叫作“坦克大战”。

第15章 真正的大鱼吃小鱼

为什么叫作真正的大鱼吃小鱼呢？难道这个还有假呀，那是因为很多游戏都叫作大鱼吃小鱼，其实就是鲨鱼在海底吃鱼，但是这个游戏是不同的，每一次鲨鱼吃鱼的时候，都要比较一下它们的大小，是不是真的比它大。如果比鲨鱼还大，那就吃不了啦。是不是与众不同呢？

 15.1 瞧一瞧是怎样的游戏

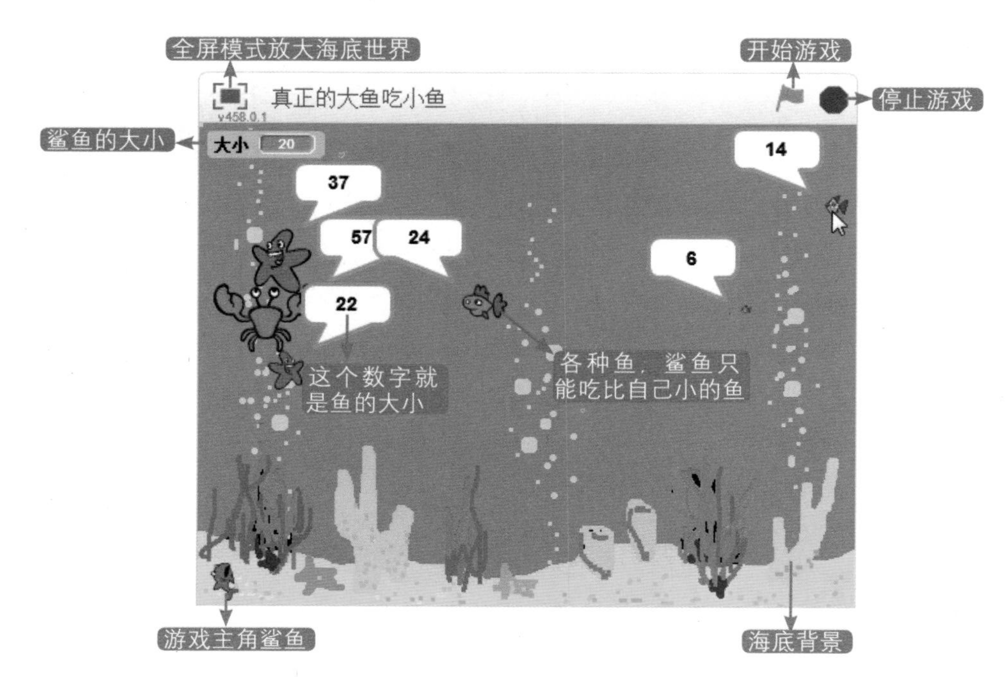

 15.2 游戏操作

用键盘来控制鲨鱼游走，上下左右灵活操作。

<table>
<tr><td>
鲨　鱼</td><td>游戏的主角，海底世界的霸主。但是这是只小鲨鱼，它要慢慢地捕食，然后长大，最后成为海底的霸主</td></tr>
<tr><td colspan="2">     
各种鱼
海底世界游走着各种各样的鱼，它们大小各异，如果它们比鲨鱼大，鲨鱼见了都害怕</td></tr>
</table>

01 新建项目，添加“underwater3”海底世界背景。

02 从角色库中添加“Shark”角色，修改名字为“鲨鱼”。

03 游戏开始，先设定鲨鱼的初始大小，鲨鱼的初始大小不能太大。创建变量，命名为“大小”，设定为 20。

04 将鲨鱼角色的大小设定为变量“大小”，然后切换鲨鱼造型，开始吃鱼啦。

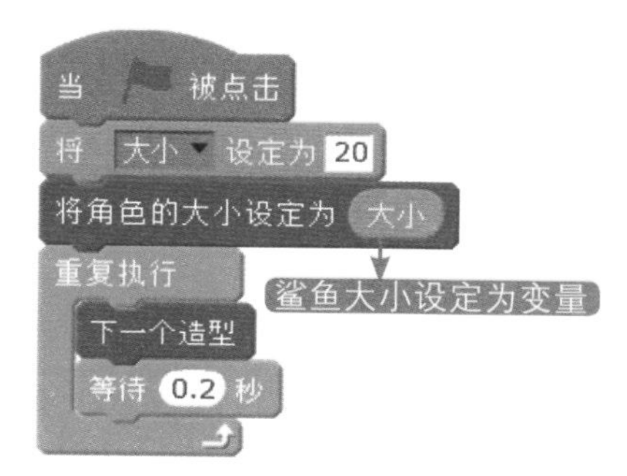

05 用键盘来控制鲨鱼的游走。

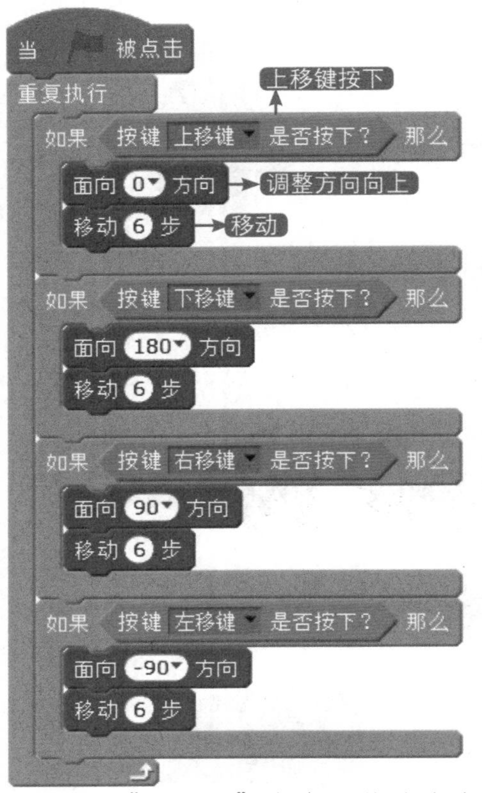

06 添加“Starfish”角色，修改名字叫作“各种鱼”。

07 在“各种鱼”角色下添加各式各样的鱼儿造型。

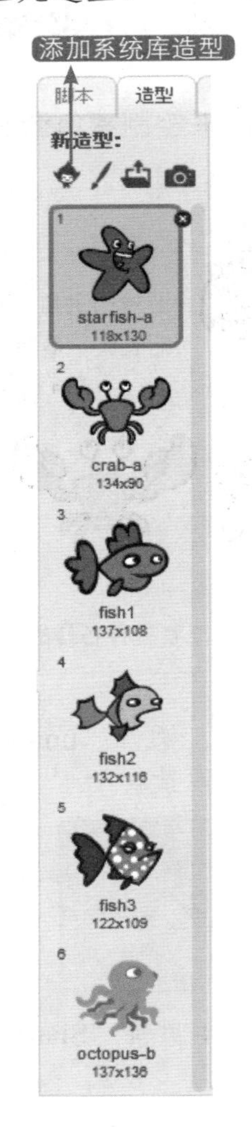

08 将“各种鱼”角色移动到舞台区的右上角位置，启动鱼儿的克隆指令。

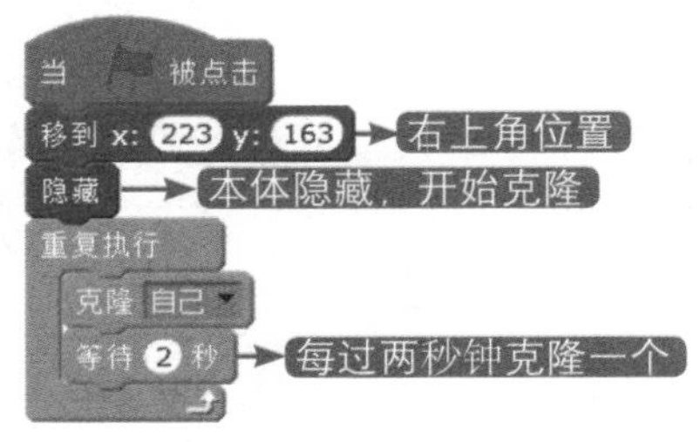

09 “各种鱼”中有6种不同的鱼，在每次克隆后，将造型切换成其中一个，这样各种鱼就能随机出现了。6个造型随机切换，使用随机数程序块。

将造型切换为 在 1 到 6 间随机选一个数

10 游戏的有趣就在比大小，每次克隆的鱼儿大小也是不同的，在 1 和 99 之间出现不等的大小，有趣吧?

11 克隆鱼儿的初始造型和大小都调整好了，就显示出来，并开始游走。

12 鱼儿开始朝着任意方向游走了。

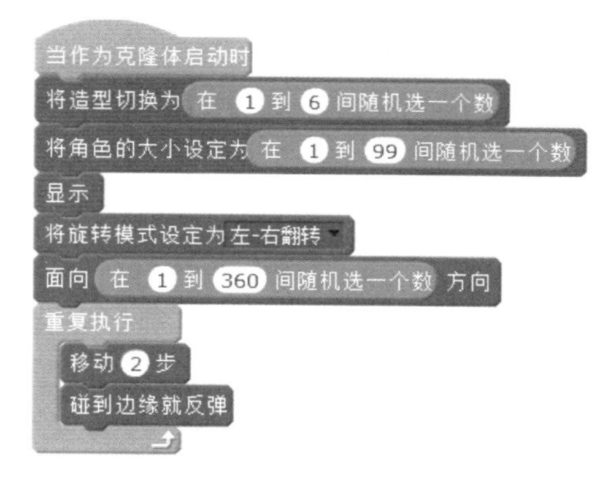

13 这样鱼儿怎么才知道有没有比鲨鱼大呢? 光靠肉眼很难识别呢，让鱼儿说出自己的大小。

说 大小

海底世界比大小

14 鲨鱼和鱼儿交锋的时候，比较它们的大小。

15 比较鲨鱼和鱼儿的大小，鲨鱼的大小是用变量“大小”来记录的，鱼儿的大小可以直接使用属性大小。

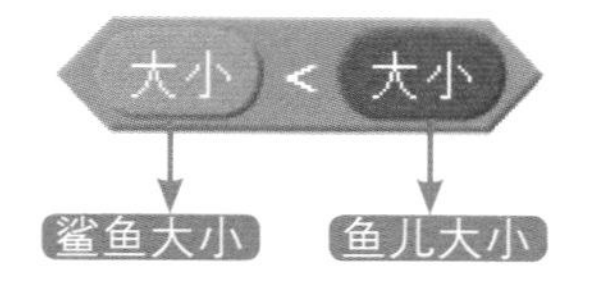

16 进行比较判断，看看谁大谁小，进而做出不同的指令。

17 鲨鱼如果比鱼儿小，那么非常遗憾，游戏就结束了，鲨鱼还没长大，就被其他鱼儿吃掉了。

18 游戏结束，发出广播“鲨鱼被吃掉了”，然后停止全部游戏。

广播 鲨鱼被吃掉了

停止 全部

19 如果鲨鱼比鱼儿大，那么鲨鱼把鱼儿吃掉，鲨鱼又长大了。

将 大小 增加 1　鲨鱼变大
删除本克隆体　删除小鱼，被吃掉了

20 将脚本拼凑起来。

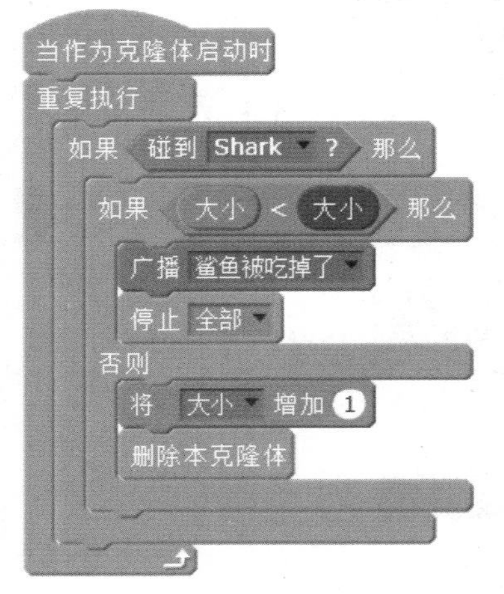

21 运行程序看看，发现过了一会儿满屏幕都是鱼儿，好多大鱼，鲨鱼一条都吃不到。

22 看来鱼儿克隆出来后，过段时间还是要删除，不然整个屏幕都挤爆了。每条鱼儿只有12秒的生命值，过了12秒就自动删除了。

当作为克隆体启动时
等待 12 秒
删除本克隆体

23 回到鲨鱼角色，当鲨鱼被吃的时候，游戏结束。鲨鱼说出自己的大小，然后游戏结束。鲨鱼的大小就是玩家的得分。

24 鲨鱼说“我的大小是”拼接上鲨鱼的大小，就是变量“大小”的数值。

连接 我的大小是 和 大小

25 游戏结束，停止其他程序，但是分数还是要一直说下去。

26 怎么样才算获胜呢？鱼儿最大是99，那么当鲨鱼慢慢长大到100的时候就无敌了。这个时候游戏获胜。

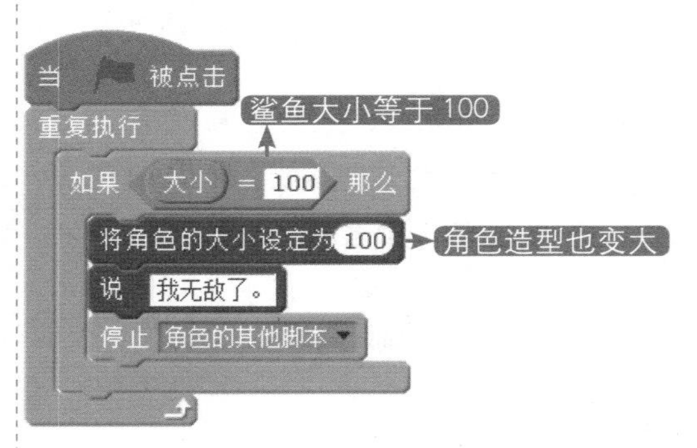

27 多么真实的游戏，这才叫作大鱼吃小鱼呢。记得保存游戏哟。

第16章 万圣节，大逃亡

万圣节，竟然被一个南瓜头追的到处跑。南瓜头说：“不给糖，就捣蛋。”一路逃亡一路给南瓜头糖吃，南瓜头只有在吃糖的时候才会减速。看看谁坚持逃跑的时间最长，谁就是赢家，这是一个比耐力的游戏。

16.1 瞧一瞧是怎样的游戏

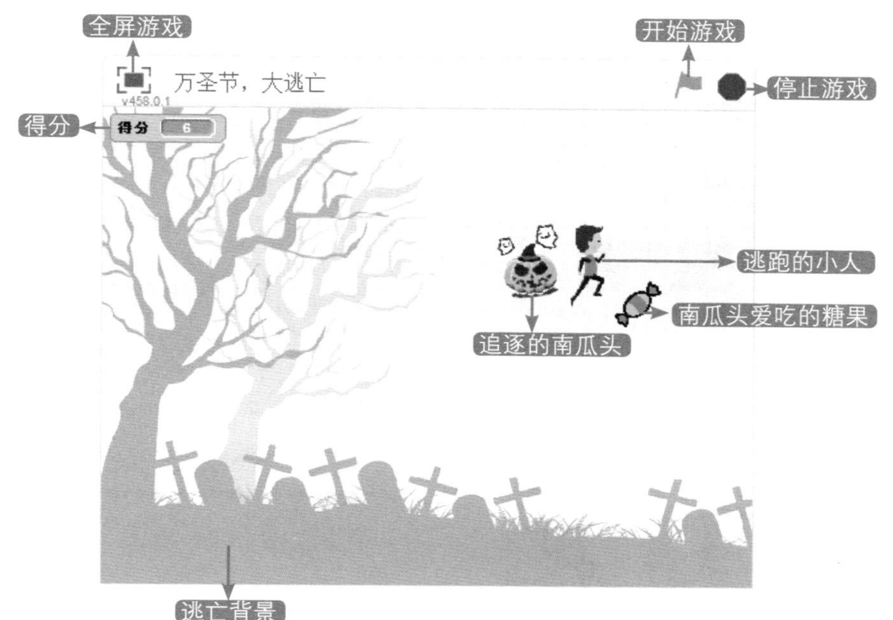

 16.2 游戏操作

用键盘来控制小人逃跑，这个游戏有技巧的，看看你能不能发现。

 南瓜头	这是一个凶残的家伙，紧追着小人不放，就是要糖吃。有糖吃的时候就放慢速度下来吃糖
 奔跑的小人	万圣节独自行走在墓地的小男孩，遇到一个可恶的南瓜头，不停地追逐他。小男孩不停地寻找糖果给南瓜头吃，就是为了不让南瓜头抓到自己
 糖　果	南瓜头的最爱，它可以减慢南瓜头追逐的速度，是这个游戏中的有效道具

背景氛围

01 万圣节被恐怖的气氛笼罩着，添加一个墓地背景，将气氛再次升华。新建项目，从电脑中添加墓地背景。

02 从电脑文件中添加游戏需要的角色，有南瓜头、奔跑的小人，还有糖果。

变量规划

03 建立3个变量。

打开数据模块。

数据

创建新变量：

建立一个变量

给新变量取一个名字：

新建变量

变量名:

◉ 适用于所有角色　○ 仅适用于当前角色

确定　取消

3个变量分别是“得分”“抓到”“速度”。

变量“得分”用来统计游戏玩家获得的得分，这里就是小人没被抓到的时间，每坚持1秒钟就多得一分。

变量“抓到”用来标明小人的状态，如果小人被抓到，那么“抓到”变量的数值是1，如果小人没被抓到，那么“抓到”变量的数值是0。小人被抓到和没被抓到的状态下，指令是不相同的。

变量“速度”控制着南瓜头的移动速度，在南瓜头吃糖的时候，移动速度是要减慢的。

倒计时开始

04 给游戏玩家一点准备时间，在这个游戏中，增添游戏开始倒计时3秒钟，3、2、1后，游戏开始。

05 打开角色库，找到数字角色3。

06 点击数字角色3，进入造型标签页。依次添加数字角色2和数字角色1。

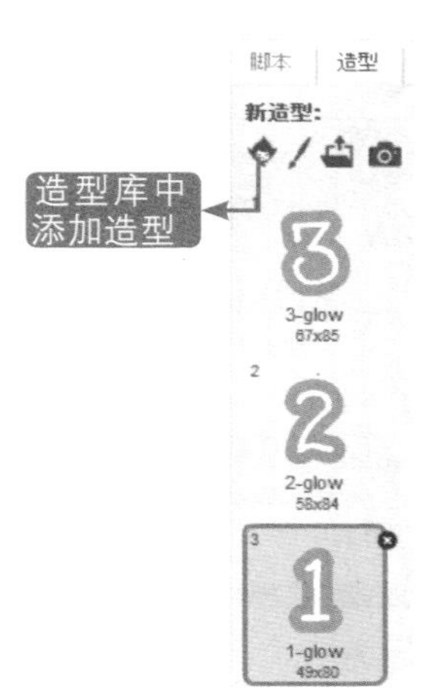

07 点击小绿旗，倒计时，程序开启。

08 当点击小绿旗时，数字角色显示，将数字角色造型切换成3。

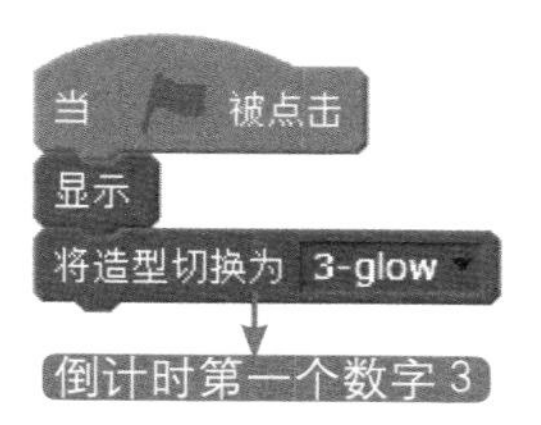

09 接下来数字造型2和1按照1秒钟的间隔时间依次出现。过一秒钟切换下一个造型2，再过一秒钟切换下一个造型1。

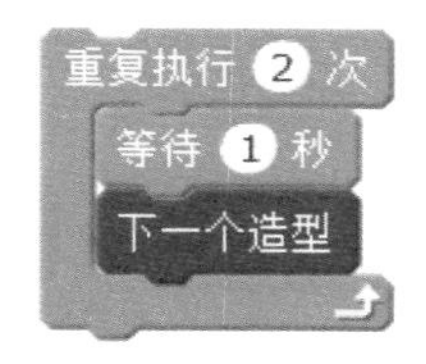

10 3、2、1倒计时完成后，数字角色隐藏，正式进入游戏。同时发出“开始”广播，告诉其他游戏角色游戏开始了。

11 程序块组合起来的样子。

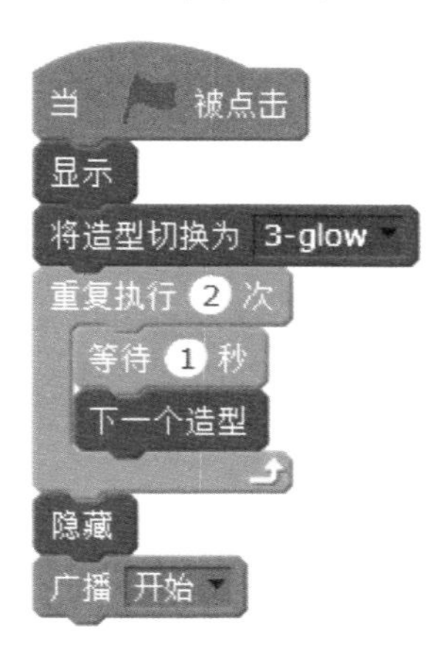

12 接收到游戏“开始”广播，将游戏“得分”变量归零，“抓到”状态变成没抓到，就是数值为0。

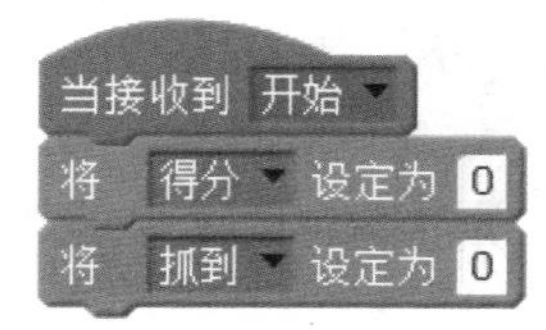

游戏计时开始

13 游戏开始，计时器启动，只要小人没被抓到，每过一秒得分增加1。得分就是计时器的秒数。

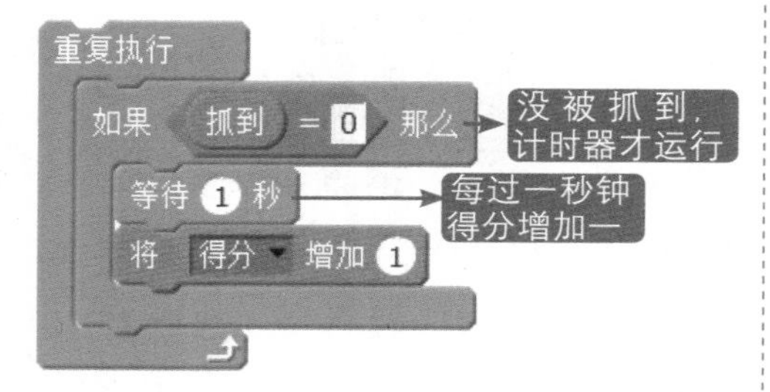

14 选中小人角色，编写小人启动游戏后的脚本。启动游戏，进入倒计时，小人此时处于隐藏状态。

15 收到游戏“开始”广播后，移动到舞台右上角，从隐藏状态转变成显示状态。

当接收到 开始
移到 x: 198 y: 132
显示

16 让小人脚步奔跑起来，重复执行切换下一个造型。

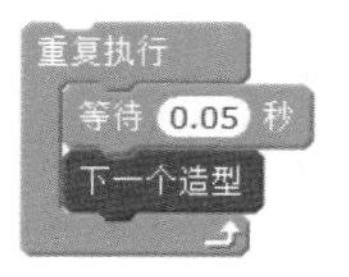

17 程序组合起来的样子。

18 游戏开始，将小人缩小到30，同时设置小人移动的旋转模式为“左-右翻转”，这样小人奔跑的时候就不会颠倒了。

当接收到 开始
将旋转模式设定为 左-右翻转
将角色的大小设定为 30

操作控制

19 通过上下左右按键控制小人奔跑。但是一旦被抓到了，就不能再奔跑了。

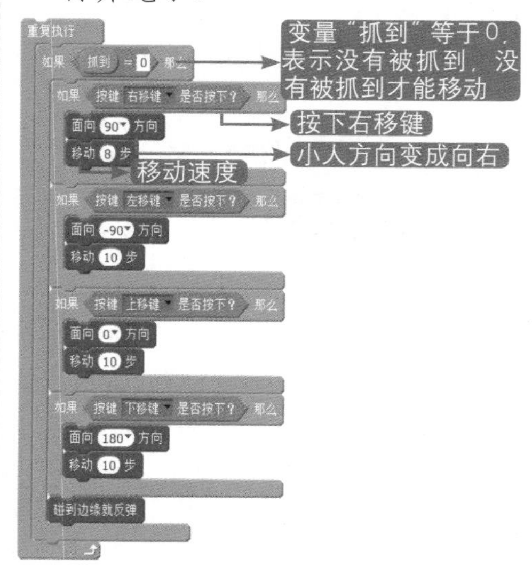

20 选中南瓜头角色，游戏进入倒计时，同样也是不显示的。

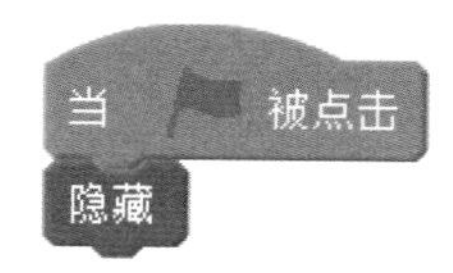

21 接收到游戏“开始”广播后，将南瓜头的初始状态设定好。

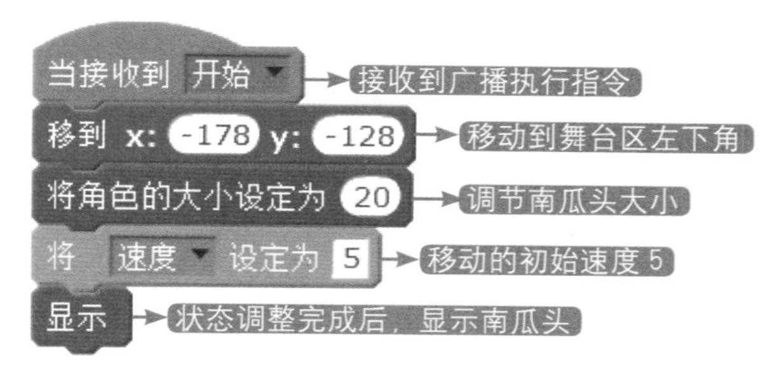

22 南瓜头瞄准了小人，不停地追逐，紧紧地跟在小人的后面。小人只要稍微不小心或者停留，就会被南瓜头抓住。

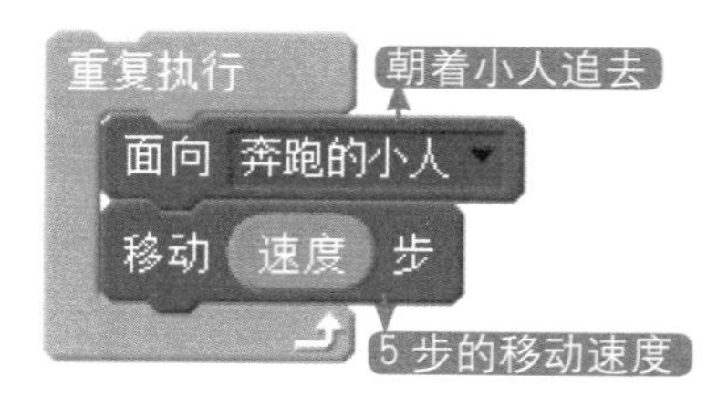

23 如果小人被抓住了，那么游戏也就结束了。判断小人是否被南瓜头抓住，如果抓住，将变量“抓到”的数值修改成 1，1 表示小人的状态是被抓。同时发出广播，告诉其他角色小人被抓到了。

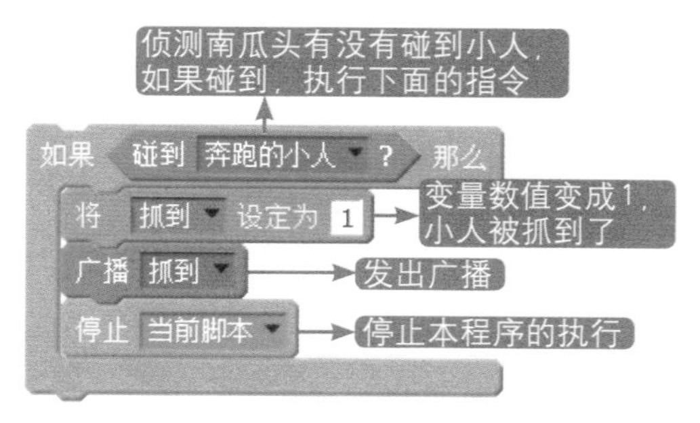

24 南瓜头的追逐同样不能嵌入舞台边缘，不然游戏就不美观了。

碰到边缘就反弹

25 程序组合起来的样子。

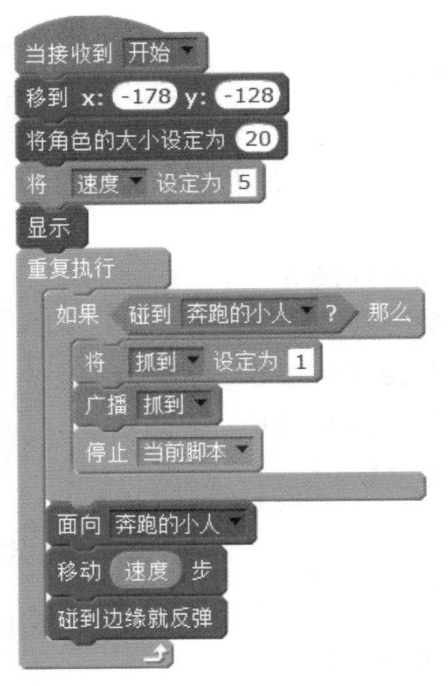

26 南瓜头也是有动画的，但是南瓜头的 Gif 图片有太多造型，选取其中前 11 张造型作为南瓜头追逐的动画效果。

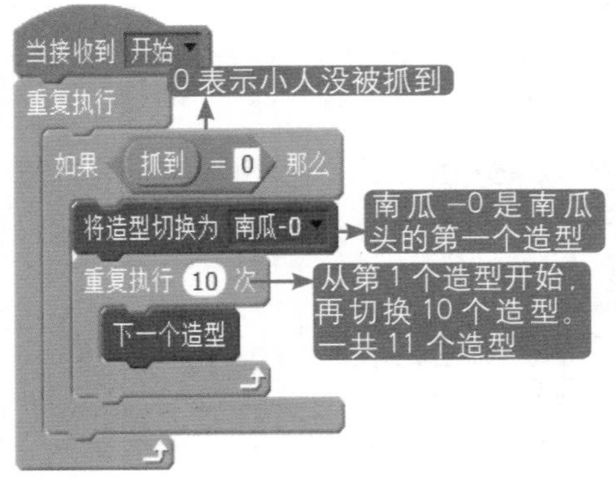

27 小人被抓到，南瓜头接收到“抓到”广播，会做出什么反应呢？

28 先摆正自己的角度，不像追逐的时候那样有各种角度。

```
当接收到 抓到
面向 90 方向
```

29 抓住小人的南瓜头特别得意，体型都变大了，把南瓜头大小设定为 60。

```
将角色的大小设定为 60
```

30 小人都被抓了，但是很多时候小人角色还是会覆盖住南瓜头角色，需要将南瓜头移动到角色最上层，这样小人就覆盖不了了。

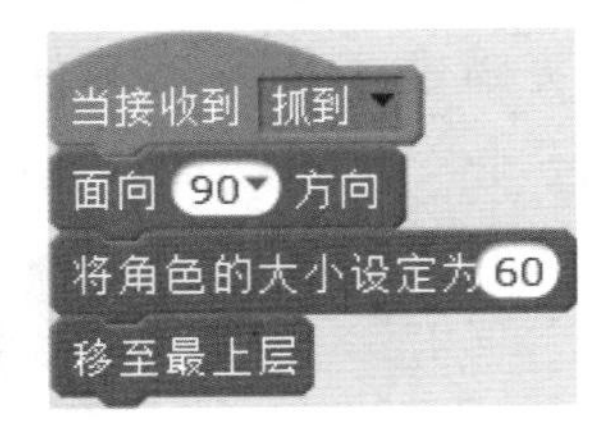

31 游戏结束，南瓜头将最终的得分说出来。用链接程序块将“游戏结束，得分”文字和“得分”变量拼接起来。

```
说 连接 游戏结束，得分 和 得分 6 秒
```

32 当小人被抓时，南瓜头的动画效果也要改变。造型从“南瓜 -12”开始，依次切换 6 个，一共 7 个造型。

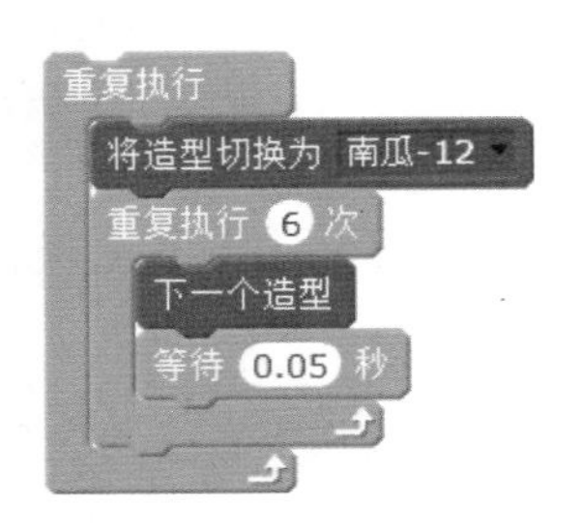

33 程序组合起来的样子。

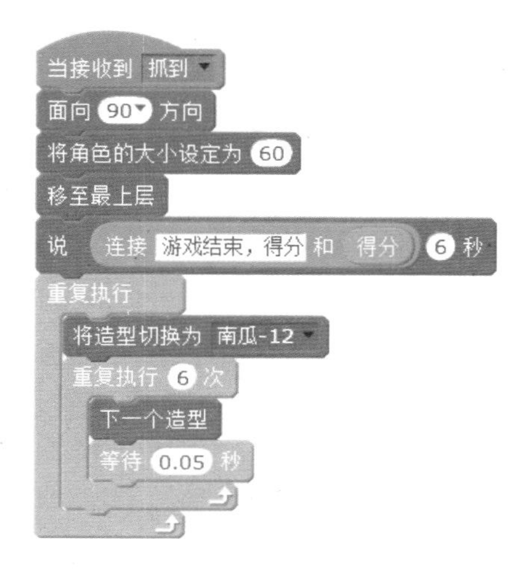

34 在地图上有时会出现糖果，小人要捡起糖果丢给南瓜头，这样可以减慢南瓜头的移动速度。

35 选中糖果角色，编写糖果角色代码。隐藏糖果角色，然后启动克隆，算好时间，每6秒钟克隆一颗糖果。

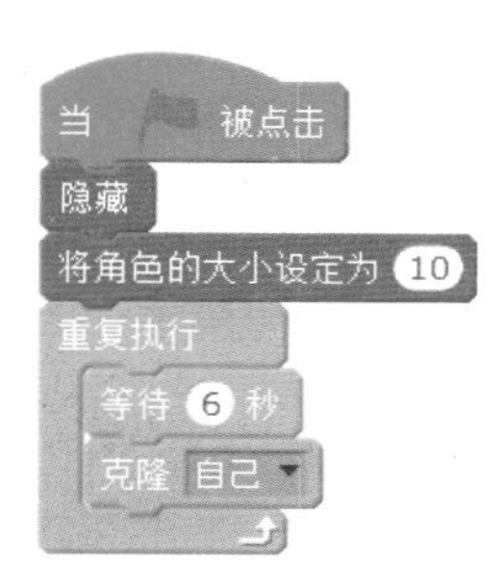

36 糖果出现在舞台的随机位置，设定好糖果出现的 x 坐标和 y 坐标的范围。

当作为克隆体启动时
移到 x: 在 -200 到 200 间随机选一个数 y: 在 -150 到 150 间随机选一个数
显示

37 糖果的出现也是有时间限制的，过 6 秒钟糖果克隆体删除，如果没有捡到糖果，糖果就消失啦。

38 程序组合的样子。

39 克隆的糖果被小人捡到，可以丢出去减慢南瓜头的移动速度。小人捡到糖果，发出“给你糖！！！”的广播，删除糖果克隆体。

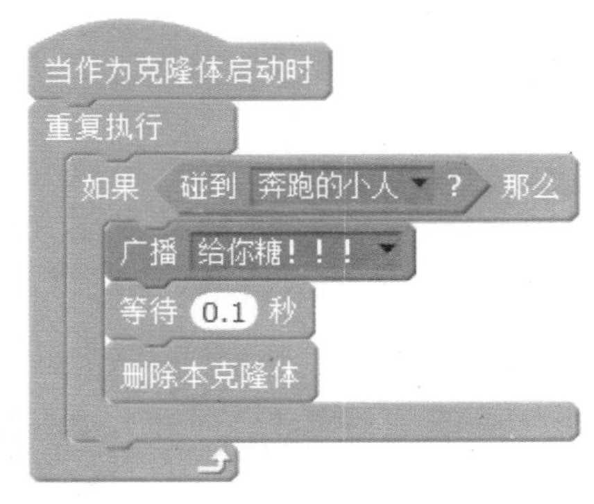

40 回到南瓜头角色，南瓜头角色收到“给你糖！！！”广播，减慢移动速度，说“糖好吃！！！”。吃完糖果，立马又加快速度。

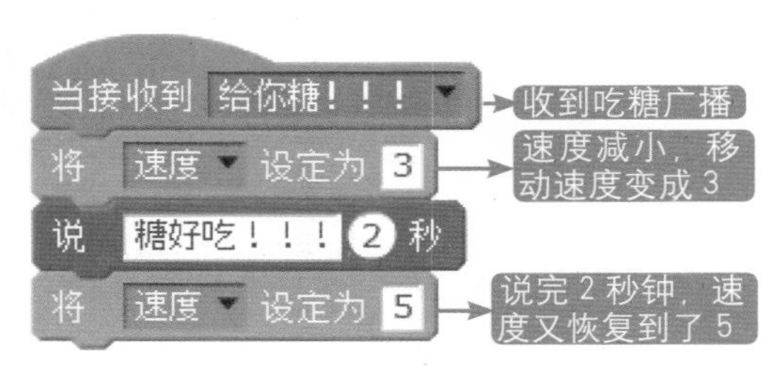

41 保存项目，取名字叫作“万圣节，大逃亡”，邀请小伙伴一起体验游戏，看看哪里还可以改进。

体感游戏切水果

玩腻了鼠标和键盘，一起舒展下筋骨，试试用身体玩一场游戏，一场用身体就可以玩的游戏是多么的带感，一定别有一番风味。不用触摸屏，不用鼠标，用手就可以玩的切水果游戏。切中水果得分，切中炸弹游戏结束，如果漏切了3个水果，游戏同样结束，快来挑战吧。

17.1 瞧一瞧是怎样的游戏

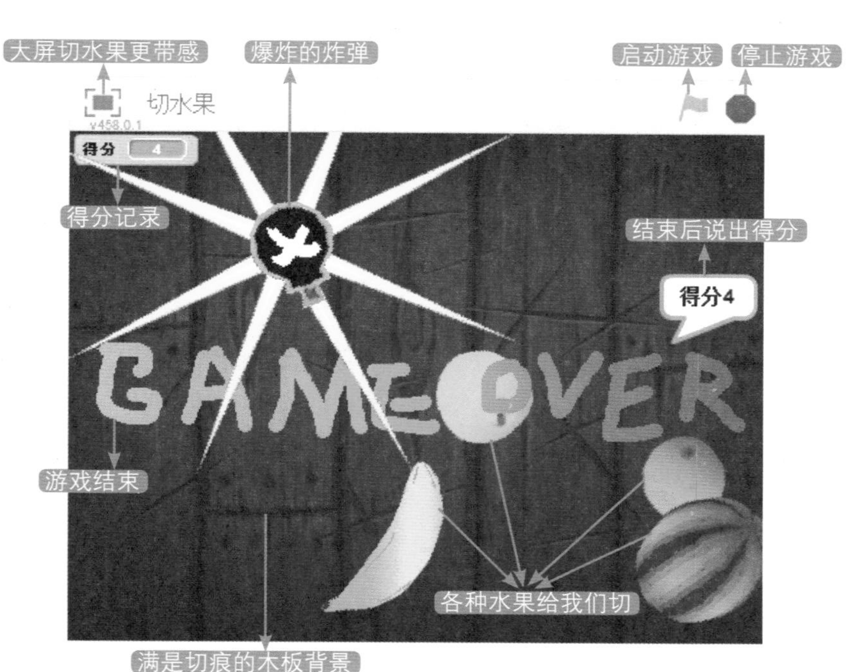

17.2 游戏操作

手舞足蹈就可以玩游戏，用头和手来参与游戏，手就像刀一样划过屏幕，水果就可以被切碎。记得检查家里的电脑有没有摄像头哟。

各式各样的水果	相信大家都玩过切水果游戏，这些都是不断飞出，提供给我们切的水果
炸　弹	这是危险物品，千万不要切中它，否则将会被炸得粉碎，游戏也就结束了
叉　叉	标记着漏切的水果数量，一旦有 3 个水果漏切了，游戏也就结束了
GAME OVER GAME OVER	游戏结束

背景效果

01 添加木板的切水果背景，木板上都是被刀切出的痕迹。在这个游戏中，我们没那么暴力，使用动作通过视频来切水果，是不是很高大上。

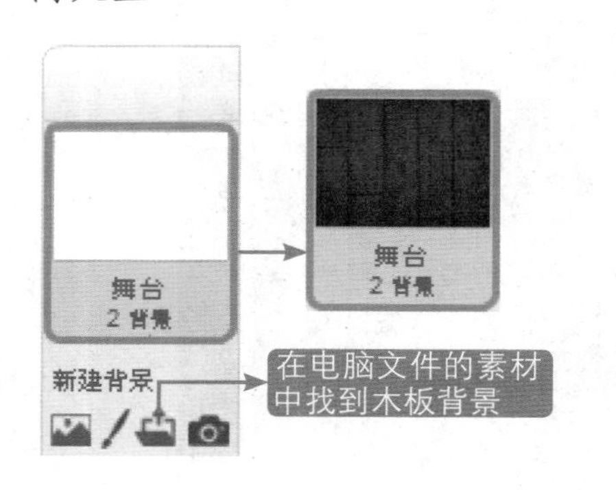

开启视频模式

02 这个游戏是通过身体来完成的，所以在游戏开始时打开摄像头。同时，为了整个画面不全是视频，还能看清背景，将视频透明度设置为 80%。

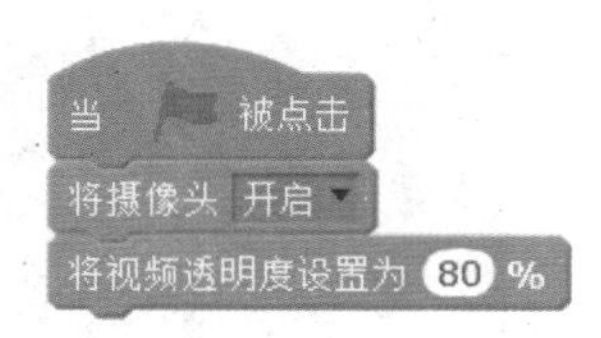

添加音效

03 给游戏添加个开始背景音乐，让游戏更加有气氛。你可以选择准备好的开始音乐，当然也可以自己录制一段歌声或者一段话作为游戏开始的音效。

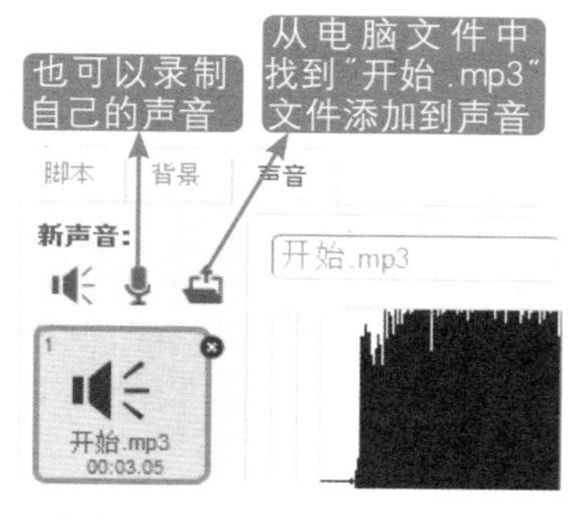

04 回到背景的脚本标签页，添加播放声音程序块，选择你上传的声音选项。

播放声音 开始.mp3

05 刺激游戏都应该有得分的，切水果同样有，每切中一个水果得一分。创建"得分"变量来记录你的游戏得分，游戏开始时设定得分值为 0。

将 得分 设定为 0

06 程序组合的样子。

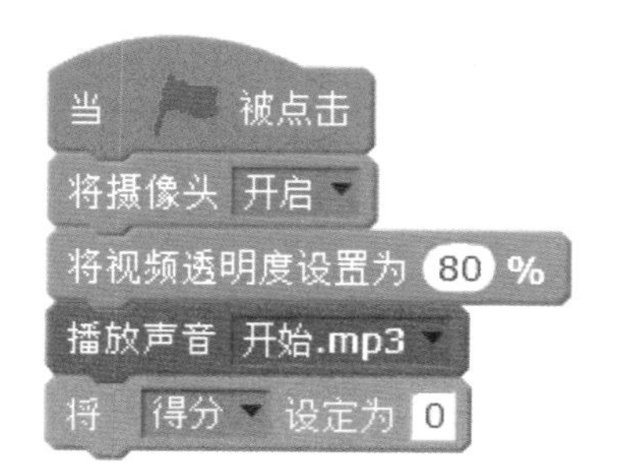

07 打开"从本地文件中上传角色"，添加第一个水果——草莓。

08 选择草莓的造型标签，制作草莓被切造型。

09 点击鼠标右键，再复制出一个草莓造型，用来制作被切的草莓。

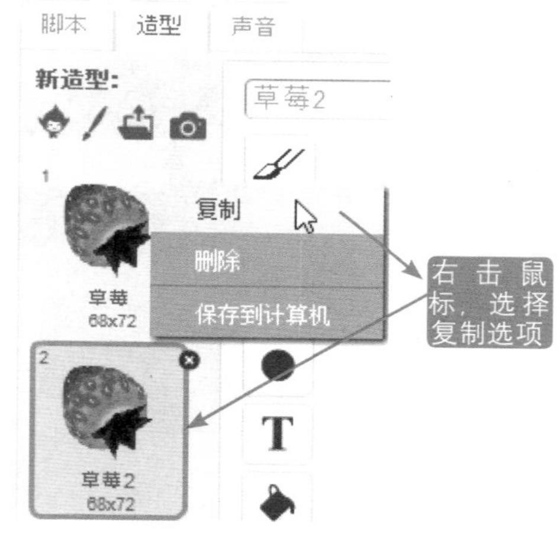

10 选中"草莓 2"造型，修改造型名字叫作"被切的草莓"。

11 怎么制作草莓被切的效果呢？添加一道闪电切痕，点击"导入"，在电脑素材中找到切痕添加进来。

清除 添加 导入

12 选中切痕，调节切痕大小，然后将切痕旋转一个角度，就像被刀划过一样。

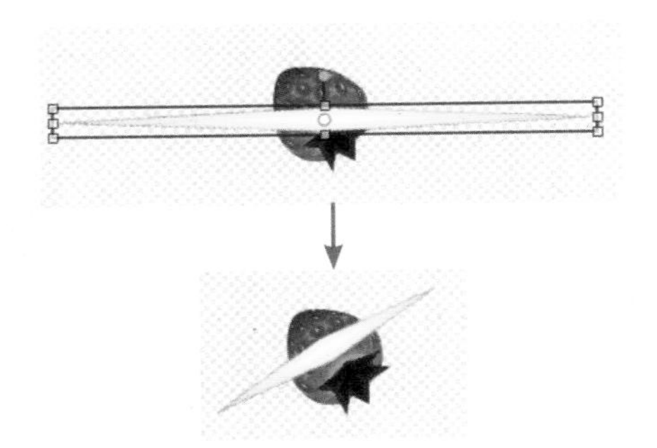

13 选择草莓的脚本标签，编写草莓角色的脚本。草莓是不断飞出的，使用克隆体来完成。使用克隆体先将本体隐藏，然后间隔一段时间克隆一个草莓。

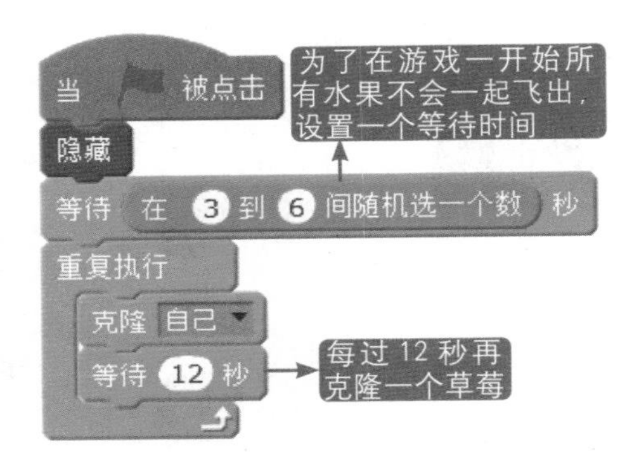

飞出的水果

14 新飞出的草莓克隆体的造型是没有被切过的，将草莓的造型设定为“草莓”。

15 草莓从舞台底部飞出，让游戏更加有挑战性，将草莓飞出的位置随机化。

16 水果飞出来的时候都有一个向上的初速度。向上的速度在阻力和重力的作用下渐渐减小，最后变成向下的速度，开始降落。

17 创建“上升速度”变量，用来设定草莓的初始速度。这个上升速度只属于草莓，要设定为“仅限于当前角色”。如果多个水果共用一个速度，那就乱糟糟了。每个克隆的草莓都有一个自己的速度，将速度范围设置在 8~18 之间，这样有的草莓上升得快，有的上升得慢。速度的范围需要自己多多尝试，适合游戏体验最重要。

将 上升速度 设定为 在 8 到 18 间随机选一个数

克隆的每一个草莓都有自己的速度

18 草莓的上升伴着旋转，这样的效果更加逼真。给草莓一个初始的旋转角度，创建“旋转角度”变量，同样这个角度变量只属于这个草莓，选择“仅适用于当前角色”选项，每个草莓的初始方向也给一个随机的角度，让每个草莓都与众不同。

将 旋转角度 设定为 在 -20 到 20 间随机选一个数

水果减速

19 如何设置阻力和重力呢？这是一个非常困难的问题，但是我们可以想一个简单的办法来解决。因为水果上升过程中遇到了阻力和受到了重力，所以速度会减小，那么试试根据时间的长度来减小水果上升的速度吧。水果上升的时间越长，速度减小的就越严重。

20 克隆出来的草莓需要记录上升的时间。创建变量“上升时间”，同样只对这个草莓起作用。草莓刚克隆出来，“上升时间”变量数值为 0。

将 上升时间 设定为 0

21 草莓的克隆体初始状态设定好了，显示草莓开始飞出。下面是程序组合后的样子。

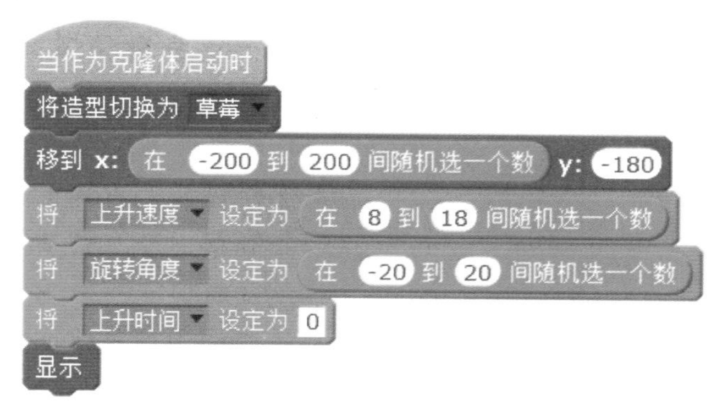

22 随着上升时间的增加，草莓的移动速度减小。用初始的上升速度减去上升时间来作为草莓移动的速度。

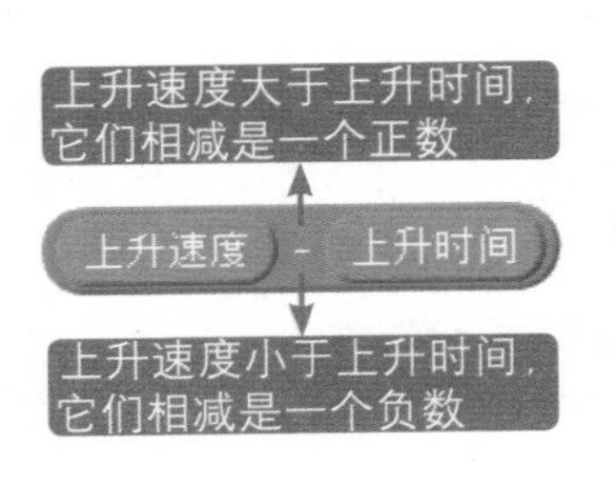

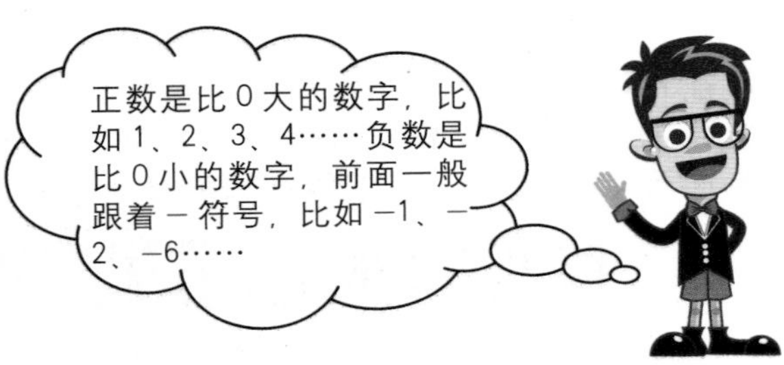

23 草莓只在垂直方向移动，所以调节草莓 y 坐标的增大或者减小就可以控制草莓的移动了。

上升速度减去上升时间，如果大于零，y 坐标增加正数，y 坐标增大，向上移动；如果小于零，y 坐标增加负数，相当于减了一个数字，y 坐标减小，向下移动。

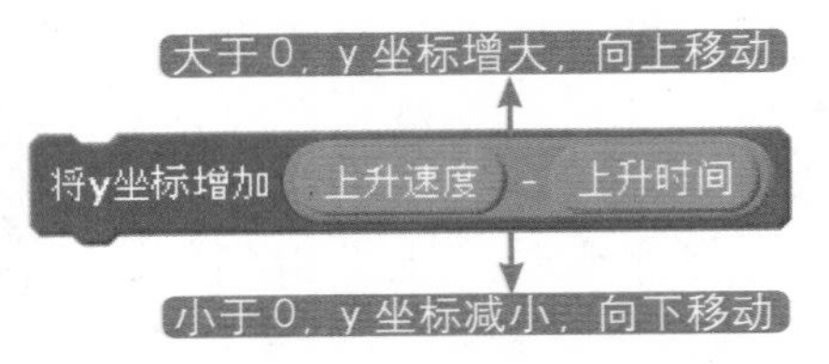

24 上升的草莓旋转角度也在不断变化，这样更有飞出的感觉。每次移动都将草莓向右旋转一个之前设定的角度。这样草莓在上升过程中也在不停地旋转着。

右转 ↻ 旋转角度 度

25 增加时间，每过一段时间，变量“上升时间”都需要增加。但是这里上升时间是为了让草莓减速，所以就不严格按照时间来了，调节好一个合适的增加数值，使得每次移动草莓都能适当地减速，而不会影响游戏的效果。

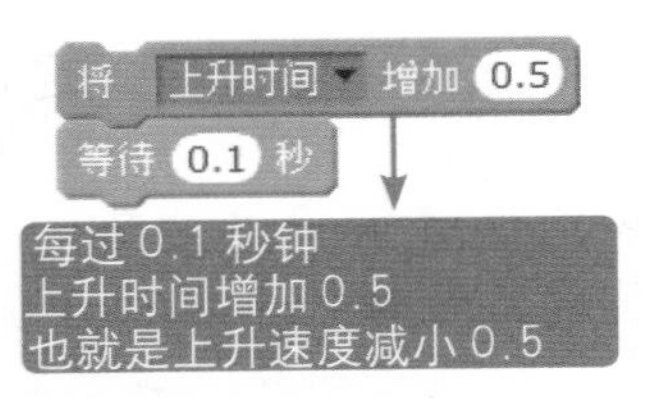

26 嵌套上重复执行，下面是程序组合后的样子。

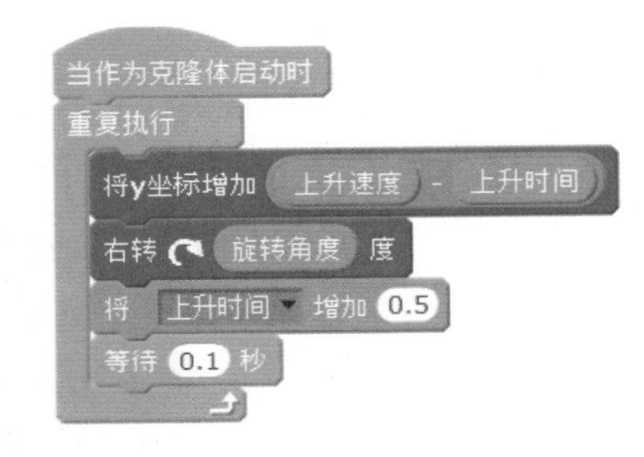

用身体切水果

27 怎么样用身体切水果呢？听上去很神奇。通过视频侦测我们的手或者身体其他部位，以在水果上划过的速度来判断有没有切到水果。

28 视频对我们身体的移动速度有一个侦测，并且会拿到一个数值。在侦测模块中，勾选“视频动作对于当前角色”，就可以在舞台上看到我们移动的数值了。游戏开始时取消勾选，不让它妨碍我们的游戏界面。

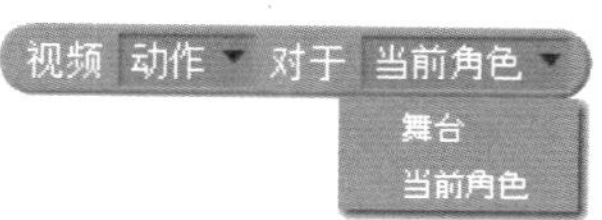

29 选择一个适中的数值来作为接下来切水果的判断。视频侦测移动速度超过 20 并且切中草莓就可以得分了。

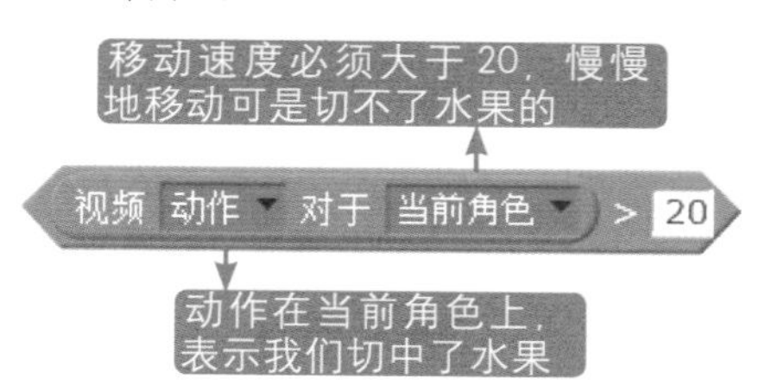

30 草莓切中了，造型转变成“被切的草莓”。

31 草莓被切时发出切水果的声音，同时游戏获得得分。那么程序怎么知道草莓被切了呢？草莓被切造型会变换成“被切的草莓”，这个造型的编号是 2。当草莓造型编号变成 2 的时候，发出切水果的声音，游戏得分增加 1。然后将克隆的草莓删除。

```
当作为克隆体启动时
重复执行
  如果 造型编号 = 2 那么
    将 得分 增加 1
    播放声音 切水果.mp3
    等待 0.2 秒
    删除本克隆体
```

32 如果没有切中水果，那么水果就要落地了。当水果的 y 坐标小于 -200 的时候，也就是水果离开了舞台，那么将水果克隆体删除，同时播放广播“丢失”。

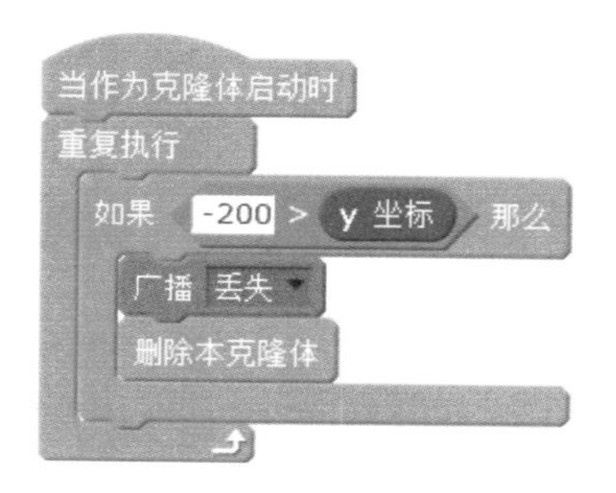

制作漏切标识

33 添加漏切水果标识，一个叉叉代表漏切一个水果，两个叉叉代表漏切两个水果，三个叉叉代表漏切三个水果。如果漏切三个水果，那么游戏结束。

34 漏切水果标识分 4 个阶段，第一个阶段是空白，表示没有漏切一个水果。新建空白角色，点击“绘制新角色”。

35 点击空白角色，选择“造型”选项，点击“绘制新造型”，转换成矢量编辑模式。导入漏切一个水果的状态。

36 复制一个叉叉的造型，来制作两个叉叉的造型。

37 制作漏切两个水果的状态，使用选择工具将叉叉选中，然后复制一个新叉叉，移动到旁边。

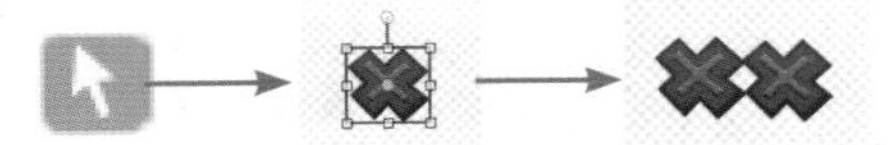

38 再复制一个叉叉造型，用同样的方法制作3个叉叉造型。

39 检查"漏切"角色的造型顺序是不是空白、一个叉叉、两个叉叉、三个叉叉这样的顺序。这个顺序非常关键，决定后面脚本的编写。

40 编写漏切脚本，当一个水果触碰到舞台底部边缘后，发出"丢失"广播。"漏切"角色接收到"丢失"广播，切换下一个造型。

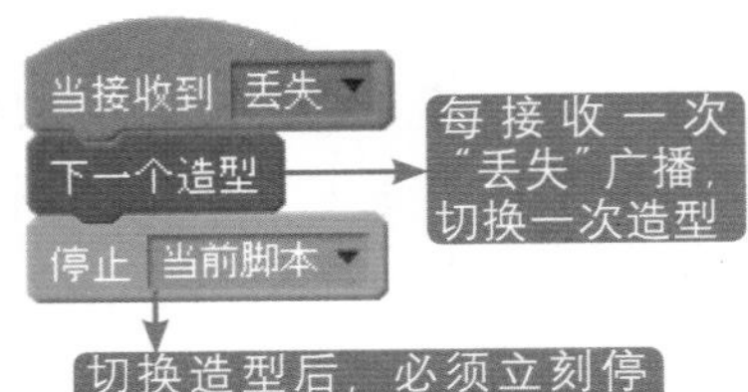

41 每次游戏开始，"漏切"角色造型需要恢复到空白状态。

42 三次漏切，游戏结束，那么怎么判断已经有3次漏切了呢？每次漏切造型都会切换一次，造型编号从1开始，切换3次，造型编号就变成4了。当造型编号等于4的时候，意味着有3次漏切，那么游戏结束。

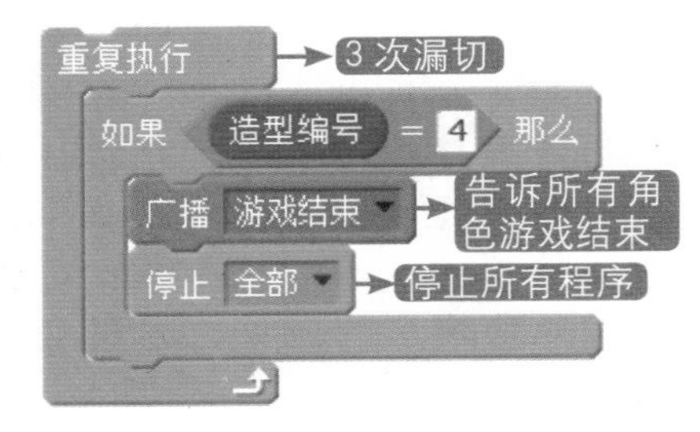

43 游戏有开场也有结束，这样才完整。当接收到游戏结束广播后，所有角色停止运行程序。

44 打开"从本地文件中上传角色"，添加"game-over"角色图片。

45 "game-over"角色在游戏开始的

时候要隐藏哟，别游戏刚开始就显示结束，那太煞风景了。

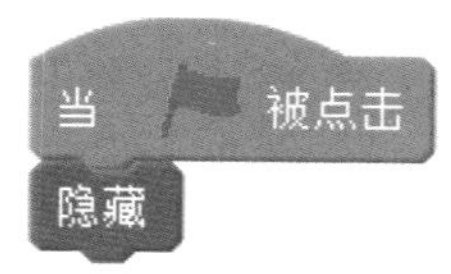

46 对于体感游戏来说，接收到“游戏结束”广播的第一件事情就是将摄像头关闭。

当接收到 游戏结束
将摄像头 关闭

47 显示“game-over”图片角色，说出游戏得分。播放游戏结束的音乐，然后停止所有程序的运行。

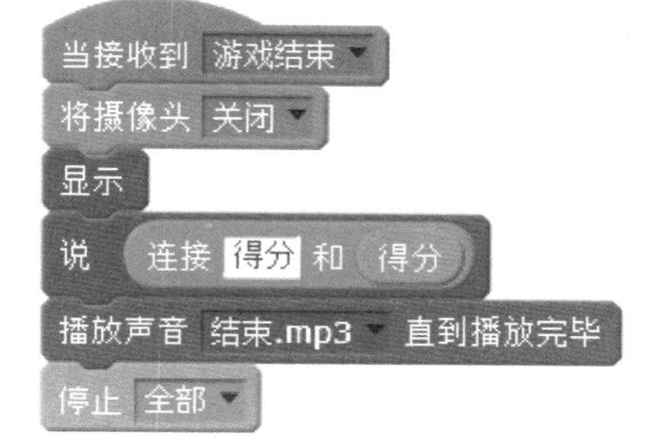

48 添加更多样式的水果。

苹果 香蕉 桃子 西瓜

49 就像制作草莓被切造型一样，将苹果被切、香蕉被切、桃子被切、西瓜被切的造型制作出来。

苹果被切造型 香蕉被切造型

桃子被切造型 西瓜被切造型

50 水果的脚本基本都是一样的，找到草莓的脚本编写看看。不同的水果有这么几个不同之处：首次出现的时间不同，通过多次试玩调节出合适的时间。

等待 在 1 到 3 间随机选一个数 秒

再克隆的等待时间不同。

51 每个水果的造型和被切后的造型也是不同的。

52 给游戏再增加点难度，将炸弹角色添加到游戏中，一旦切到炸弹，游戏结束。炸弹像水果一样飞出。

53 打开“从本地文件上传角色”，找到炸弹素材，添加其作为角色。

54 复制炸弹造型，制作炸弹爆炸效果造型。

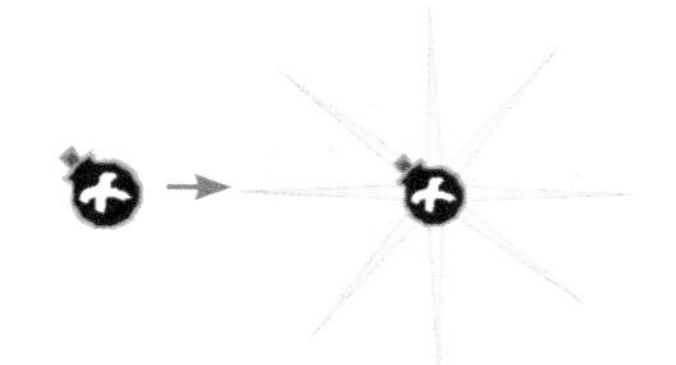

55 炸弹在游戏开始一段时间后才会出现，先让玩家切水果得几分，炸弹是危险品，所以不能像水果出现得那么频繁，设置每隔15秒克隆一个。

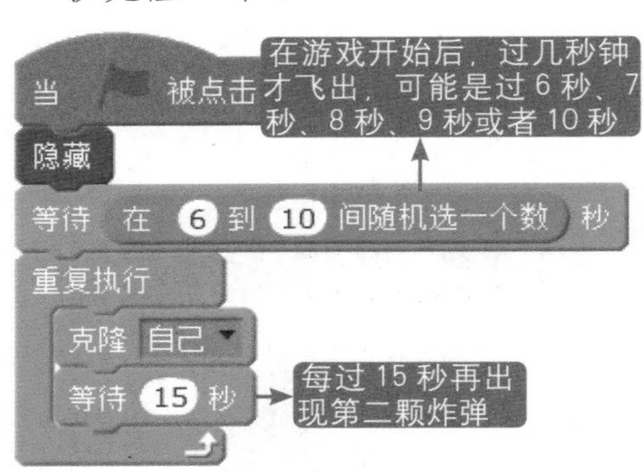

56 编写炸弹初始状态脚本，从本地素材中找到炸弹出现的音乐“炸弹.mp3”，添加到炸弹声音中。接下来像草莓一样设定炸弹的位置、上升速度、旋转角度、上升时间。

```
当作为克隆体启动时
播放声音 炸弹
将造型切换为 炸弹
移到 x: 在 -200 到 200 间随机选一个数 y: -180
将 上升速度 设定为 在 8 到 18 间随机选一个数
将 旋转角度 设定为 在 -20 到 20 间随机选一个数
将 上升时间 设定为 0
显示
```

57 炸弹在上升过程中逐渐减速，然后慢慢落下。

```
当作为克隆体启动时
重复执行
  重复执行
    将y坐标增加 (上升速度 - 上升时间)
    右转 旋转角度 度
    将 上升时间 增加 0.5
    等待 0.1 秒
```

58 注意不要切到炸弹，不然就爆炸啦。将切炸弹的移动速度相比切水果增加10，变成30，使得更不容易切到炸弹。切中炸弹，炸弹角色切换到“爆炸”造型。

```
当作为克隆体启动时
重复执行
  如果 视频 动作 对于 当前角色 > 30 那么
    将造型切换为 爆炸
```

切炸弹的移动速度需要更快

59 当炸弹被切爆炸时，造型切换成“爆炸”造型，造型编号等于2。这个时候发出爆炸的声音，并向其他角色发出“游戏结束”的广播。

```
当作为克隆体启动时
重复执行
  如果 造型编号 = 2 那么
    播放声音 爆炸 直到播放完毕
    广播 游戏结束
    停止 当前脚本
```

60 如果躲开了炸弹，炸弹将会落到地面消失。

```
当作为克隆体启动时
重复执行
  如果 -200 > y 坐标 那么
    删除本克隆体
```

61 炸弹和水果在接收到“游戏结束”广播后，都要停止克隆新的炸弹和水果。“停止角色的其他脚本”会停止克隆指令。

```
当接收到 游戏结束
停止 角色的其他脚本
```

62 这游戏帅呆了，记得保存哟，名字叫作“体感切水果”。

第18章 Scratch竞赛必备

编程能力，比赛见分晓。看看谁才是真正的编程勇士。
比赛要获奖，除了需要过硬的编程能力外，有时候还要拼一拼技巧。

如何制作一个好的参数作品呢？

18.1 拼小技巧

1. 作品没有错误，这是基础

如果动画作品在观赏时出现错乱或者游戏作品无法继续进行，都是很糟糕的。所以需要尽可能地避免错误，哪怕放弃一些有难度的程序，也不要让它出现错误。

2. 保证作品的完整性

动画作品需要有故事开头、结尾和丰富的情节，并且讲述一个道理。

实用工具需要可以解决真实问题，并且附有使用说明。

游戏要具备开始和结束环节以及玩法说明，整个游戏体验必须完整。

艺术作品最好融入音乐，色彩搭配协调，突出艺术美感。

科技探索需要将整个探索过程或者实验流程完整化，要有清晰的过程和结果。

3. 把最好的东西展示在前面

别把创意的想法和高难度的程序以及精美的美术设计放在后面。这是比赛哟，很多时候评分老师在看完前半段就给完分数了，除非整个过程都非常有趣并且能持续吸引观看者。让评分老师可以最快地看到你的作品的亮点。

突出亮点总是没错的，奖项一般还会对突出点加以奖励，比如艺术、程序方面都会有。当然，如果你有很多人投票，还会成为人气之星。

4. 放大自己的优势

如果你的创意不错，但是在程序设计和美术方面不足，就突出创意部分。

如果你的程序功底很棒，就挑战高难度代码获取欣赏。

如果你具有艺术细胞，就突出它，展示美感和音乐，这些都是可以获取高分的。

在有限的时间里，不一定要纠结样样全面，很多时候一个点的突出会更有效果。

18.2 拼实力

主要看5个方面：创意创新、体验感受、程序水准、艺术美感、设计思想。

1. 创意创新

之所以在第一位，是因为一旦出现创意作品，就能瞬间让人眼前一亮。

现在的作品（如“打地鼠”“飞机大战”“计算器”等）已经是琳琅满目，偶尔来点新鲜的当然会得到照顾啦。

那么如何创新呢？

将作品和生活中的事物、学习科目或者流行的动画结合起来，摒弃那些老套的例子和思维方式。

比如新年贺卡，制作成像支付宝这样的，抢五福。

比如计算题，制作成答题打怪兽。

2. 体验感受

无论是游戏还是动画，好的体验感觉都是很关键的。动画片看上去无趣或者画面总是有错误，这样的体验是很差的。特别是动画的制作经常要使用到显示和隐藏，所以很容易出现忘记显示和隐藏，或者显示和隐藏的时间不对，造成画面错乱的问题。

游戏就更加讲究体验了，一款好的游戏体验非常重要。完成作品后，将自己从游戏设计者转变成游戏玩家，好好地体验一把。

体验以下几个方面：

（1）游戏规则是不是一眼就能懂？如果不能，是否有规则说明。

（2）游戏操作麻不麻烦，是不是很难操作，按键设置是否合理？

（3）游戏难度如何？是太简单没挑战性，还是简直就是只有神能玩？

（4）游戏关卡和整体设计流畅吗？

进而参考几个调节游戏体验度的方法和案例：

（1）玩家很容易明白游戏规则和玩法。

a. 通过简单的说明或者指引就可以明白游戏规则（包括如何得分、游戏目标、游戏玩法）。

b. 符合市面上游戏的标准操作方式，不需要观看说明就可以直接入手。

比如，方位控制键通常是上下左右按键或者 AWSD 按键。

（2）游戏的难易程度适中。

a. 游戏难度不宜设置得超出实际能力范围，这样的游戏只有神能玩。

b. 游戏过于简单，毫无挑战性。

c. 明确的游戏目标。

玩家是要收集宝石得分，还是要闯过关卡。

d. 游戏界面设置。

角色大小、色彩以及背景搭配合理。

e. 游戏操作简便。

3. 程序水准

程序水准不是越复杂越好哟，是说编写的代码思路和实现程度有难度。

通过界面的功能和操作可以体现出程序的难度。

程序做到稳定运行，没有错误。

基础规范

角色命名规范，角色名字不宜出现“角色 1”“角色 2”之类，让人很难看懂。

简化实现代码，复杂程序使用算法简化代码，将多余的程序块删除。

切记程序水准高低不是看谁写的代码多，别把移动 100 步写成重复 100 次移动 1 步。

4. 艺术美感

爱美之心人皆有之，第一眼看上去舒服很重要。它和创意一样，只有它们两好了，接下来其他模块才更容易被发现。注意角色的大小以及背景和角色之间色彩的搭配、游戏开始的封面和字体等。

5. 设计思想

简单来说，就是制作前的构思，这是整个作品的灵魂，但是很多时候不像前面 4 点那样容易被察觉。在外人看来，展现的是创意和体验以及美感，需要细细体会才能领会，却是制作的核心。

18.3 得分谨记

1. 一定要认真阅读比赛规则，不符合要求的作品，再好也没用

（1）设定主题

比赛限定主题范围，比如设定主题是“五水共治”或者“垃圾分类”。

这个时候，你的作品就必须符合这个主题范围，别去制作"王者荣耀"，虽然好玩。

不过表现形式可以多样，可以以动画的形式来表达，也可以是游戏，比如"圈圈大作战"吃的都是垃圾，然后放到指定位置得分。

（2）设定形式

比赛限定表达形式，比如限定是"游戏""动画""工具"等类型。这个时候，你的作品也必须符合要求。

（3）自由发挥

无限地自由发挥。这是最体现实力的时候，特别是想象力。

2. 参赛作品要求

如果没有特别要求，一般要遵守以下几点。

参数作品主题鲜明、创意新颖、程序无错误、内容健康。取材内容建议从生活中选取，如社会提倡、科技发展、生活起居、学科知识等。然后结合自己的想象力加以完善，融入观赏性和趣味性。

作品必须原创，抄袭是不可取的。现在是信息时代，别投机，感觉从国外网站或者偏僻论坛找到的别人发现不了。不能抄袭，但是可以借鉴，借鉴他人的想法和思路。

Scratch
真好玩
教小孩学编程

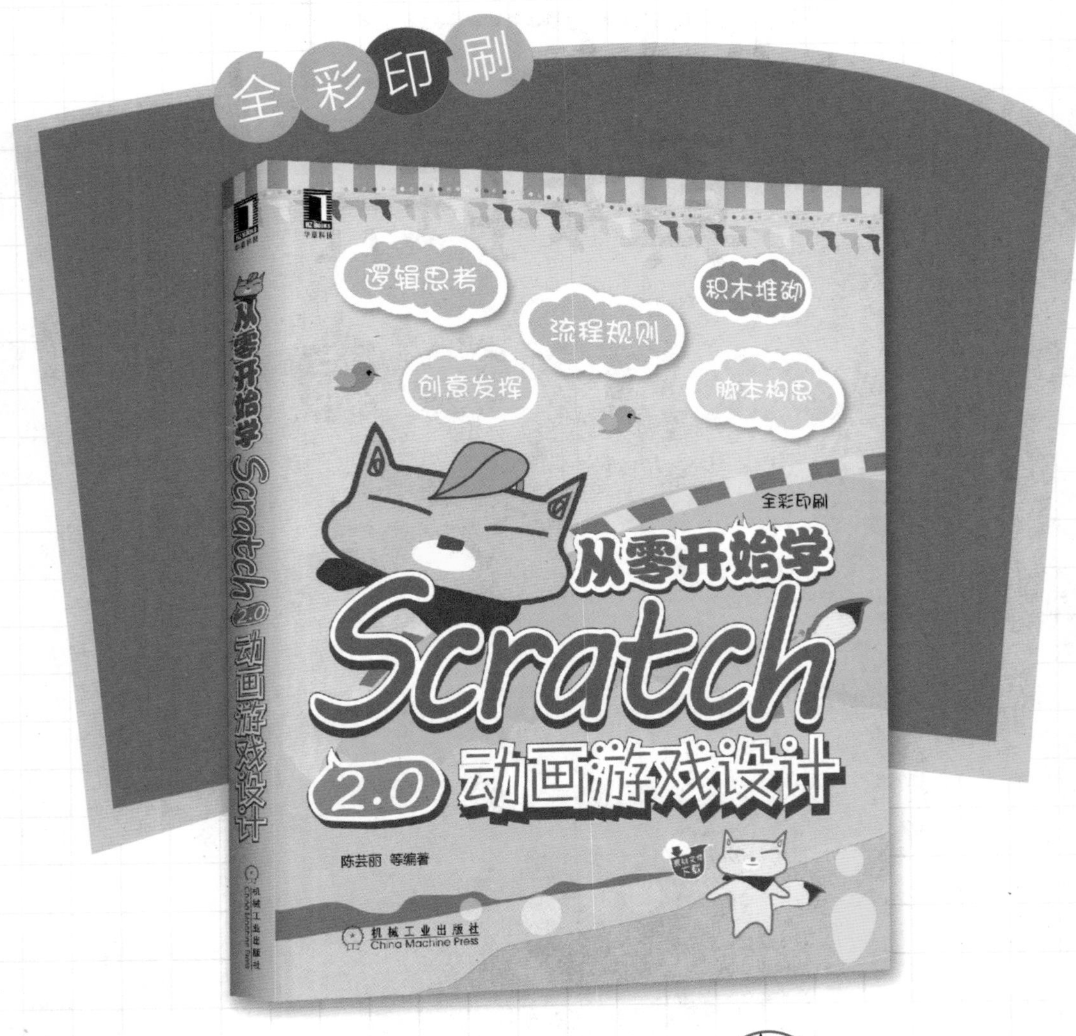
全彩印刷
逻辑思考
积木堆砌
流程规则
创意发挥
脚本构思
全彩印刷
从零开始学
Scratch
2.0
动画游戏设计
陈芸丽 等编著
机械工业出版社
China Machine Press